核能科学与工程系列译丛

小型模块化反应堆
——核能的昙花一现还是大势所趋

Small Modular Reactors:
Nuclear Power Fad or Future?

[美] 丹尼尔·T. 英格索尔（Daniel T. Ingersoll） 著

温济铭　韩蕊　译

田瑞峰　审校

国防工业出版社

·北京·

著作权合同登记　图字：军-2021-023号

图书在版编目(CIP)数据

小型模块化反应堆：核能的昙花一现还是大势所趋 /
(美)丹尼尔·T. 英格索尔(Daniel T. Ingersoll) 著；
温济铭等译. -- 北京：国防工业出版社，2025. 1.
(核能科学与工程系列译丛). -- ISBN 978-7-118-13248-9

I. TL4

中国国家版本馆 CIP 数据核字第 20251NE047 号

Small Modular Reactors: Nuclear Power Fad or Future? 1 Edition
Daniel T. Ingersoll
ISBN:978-0-08-100252-0
Copyright © 2016 Elsevier Ltd. All rights reserved.
Authorized Chinese translation published by National Defense Industry Press
小型模块化反应堆——核能的昙花一现还是大势所趋(温济铭,韩蕊　译)
ISBN:978-7-118-13248-9
Copyright © Elsevier Ltd. and National Defense Industry Press. All rights reserved.

No part of this publication may be reproduced or transmitted in any form or by any means, electronic or mechanical, including photocopying, recording, or any information storage and retrieval system, without permission in writing from Elsevier Ltd. Details on how to seek permission, further information about the Elsevier's permissions policies and arrangements with organizations such as the Copyright Clearance Center and the Copyright Licensing Agency, can be found at our website: www. elsevier. com/permissions.

This book and the individual contributions contained in it are protected under copyright by Elsevier Ltd. and National Defense Industry Press (other than as may be noted herein).

This edition of Small Modular Reactors: Nuclear Power Fad or Future is published by National Defense Industry Press under arrangement with Elsevier Ltd.

This edition is authorized for sale in the People's Republic of China only, excluding Hong Kong SAR, Macau SAR and Taiwan. Unauthorized export of this edition is a violation of the Copyright Act. Volation of this Law is subject to Civil and Criminal Penalties.

本书简体中文版由 Elsevier Ltd. 授权国防工业出版社在中国大陆地区(不包括香港、澳门特别行政区以及台湾地区)出版与发行。未经许可之出口，视为违反著作权法，将受民事和刑事法律之制裁。

本书封底贴有 Elsevier 防伪标签，无标签者不得销售。

注　意

本书涉及领域的知识和实践标准在不断变化。新的研究和经验拓展我们的理解，因此须对研究方法、专业实践或医疗方法作出调整。从业者和研究人员必须始终依靠自身经验和知识来评估和使用本书中提到的所有信息、方法、化合物或本书中描述的实验。在使用这些信息或方法时，他们应注意自身和他人的安全，包括注意他们负有专业责任的当事人的安全。在法律允许的最大范围内，爱思唯尔、译文的原文作者、原文编辑及原文内容提供者均不对因产品责任、疏忽或其他人身或财产伤害及/或损失承担责任，亦不对由于使用或操作文中提到的方法、产品、说明或思想而导致的人身或财产伤害及/或损失承担责任。

※

国防工业出版社出版发行
(北京市海淀区紫竹院南路 23 号　邮政编码 100048)
北京虎彩文化传播有限公司印刷
新华书店经售

＊

开本 710×1000　1/16　印张 11¾　字数 188 千字
2025 年 1 月第 1 版第 1 次印刷　印数 1—1300 册　定价 122.00 元

(本书如有印装错误，我社负责调换)

国防书店：(010)88540777　　　书店传真：(010)88540776
发行业务：(010)88540717　　　发行传真：(010)88540762

译者序

自1951年,世界第一座核电站在美国爱达荷国家试验中心运行以来,核能应用技术已经经历了70年的发展。随着人类对核能应用不断深入了解以及材料、加工工艺技术的持续发展,核能在许多非传统应用场景中也具有了较大的潜力和经济竞争性。核能作为低碳排放型能源,具有优良的稳定和可调控性能,以美、俄为代表的西方国家在核能技术领域持续发力。鉴于军事领域和孤网供电需求的日益增加,小型模块化反应堆受到各国重视。近年来,小型模块化反应堆相关技术飞速发展。

预计在21世纪中叶,我国将基本完成现代化建设。届时,核能技术已有百年历史,其在国计民生中发挥的作用也会更加突出。为保证我国核技术能够满足不同类型且日益增长的需求,我们应着眼于具有良好发展潜力的先进堆型并持续发力。小型模块化反应堆在具备传统核能优点的基础上,兼备布置灵活、资金压力小以及固有安全性高等特点。因此,小型模块化反应堆在提高我国国防实力和改善偏远地区生活条件方面具有无可代替的优势。此外,小型模块化反应堆技术的发展,有利于推进我国形成自主、可控的完整核技术体系和核技术输出。虽然小型模块化反应堆具有良好的发展前景,但目前核能小型化和模块化相结合的概念尚未得到广泛认同,甚至部分从事核能应用的工作人员无法清晰理解小型模块化反应堆的相关概念。

《小型模块化反应堆——核能的昙花一现还是大势所趋》一书系统回顾了小型模块化反应堆的发展历程,总结了近年来小型模块化反应堆的技术发展趋势,分析了小型模块化反应堆在布置、建设和公众接受程度等方面的优劣性。本书能够起到普及小型模块化反应堆基本概念以及增强核能领域工作人员(特别是研发人员)相关理念的作用。本书第1~5章由韩蕊翻译,第6~10章由温济铭翻译。特别感谢田瑞峰教授在本书翻译过程中给予的有力支持以及对书稿的严格审核。同时,本书获得装备科技译著出版基金资助,在此表示感谢。

  本书在翻译风格上忠实于原著,在能清楚表述的情况下,尽可能地向读者传达作者原意。由于译者水平,难免存在翻译不准确的地方,欢迎各位读者批评、指正。

温济铭

2023 年 9 月

当我被邀请为一本有关小型模块化(核)反应堆(SMR)的书作序时,我认为:"这本书是由最合适的人在最合适的时间完成的!"

尽管美国和欧洲的能源生产趋于平稳,但全球的能源生产仍在激增。目前,世界上许多国家都承认,我们需要应对全球环境变化,这些变化是由每年发电超过17万亿kW·h和每天燃烧9000万桶石油引起的。这些数字将在未来25年内翻一番。

能耗增加一倍是符合实际且合理的。

一个人每年需要3000kW·h的电能才能实现我们认为的美好生活。工业革命的巨大影响是由于除肌肉以外的其他能源的可利用性:首先是煤炭,然后是石油、天然气、水力发电、核能,现在是可再生能源。如果某一天,每个人每年都能获得3000kW·h的电能,而无须征服或奴役其他人,这将导致人类历史进入一个崭新的阶段:中产阶级时代。这个迅速崛起的团体还要求扩大社会权利和公民权利。

今天,我们可以在发展中国家看到同样影响。中国的快速发展始于20世纪90年代初,当时计划建造近600座燃煤发电厂,同大型水力发电厂一起,这造就了中国目前的5亿中产阶级人口。人类社会的电气化进程仍在继续,目标是每年在全球范围内使用电能30万亿kW·h——这个数字是消除全球贫困所需的最低能源数量。

问题是如何在不破坏环境的情况下提供这么多的能量。煤炭所需的基础设施最少,因此,能源消耗大的发展中国家使煤炭一直处于全球能源消耗增长最快的地位;天然气是第二位;核能、水能和其他可再生能源紧随其后。出于许多原因,我们需要扭转这一现状。

核电的极高能量密度是全球能源解决方案和核电对环境低影响的核心。1000MW燃煤电厂产生的有毒废物的数量是1000MW核电站产生的有毒废物的1000倍。对于相同的能量功率,燃煤电厂的碳排放量几乎是核电厂碳排放量的 100 倍。一平方英里(1 英里≈1.6km)场地上的 1000MW 核反应堆在生命周期内将产生与 1500 平方英里上的 10000 台 1MW 风力涡轮机相同的能量。

由于核反应堆已经运行了数十年,因此核能的实际使用寿命成本在所有能源中第二低(排除短期金融和能源市场问题),仅次于水力发电。

鉴于核电的特有优势,全世界有 72 座新的核反应堆正在建设中,另外 150 座已在计划中。中国希望在 21 世纪中叶前将 300 座燃煤电厂替换为核电站。印度计划在未来 30 年内新建 100 座核反应堆。

那些了解能源价值的人都知道,核能和水力发电是在全球范围内能够与化石燃料竞争的主要能源。水电在发展中国家仍处于增长阶段,但正在迅速接近其地理极限,并且容易受到干旱环境的影响。相比之下,核能远未达到极限,并且几乎不受气候和天气变化的影响。在新的核反应堆设计中,即使每年提供 30 万亿 kW·h 的电量,也可以提供足够的核燃料以满足未来数千年的能源需求。

在过去 50 年中,我们在核能方面的经验证明,从人类健康和环境保护角度来看,核能是所有能源中最安全、最高效的。要生产 1 万亿 kW·h 的电能,核能会比其他任何能源(包括风能和太阳能)占用更少的土地,使用更少的钢铁和混凝土,危害更少的人,并且排放更少。

但是,在我们扩大现有核能应用范围时,需要新的核电站设计概念,这些设计在尺寸、成本、位置、应用和操作上都更加灵活,并且比我们现在拥有的极其安全的反应堆更加安全。新的核电站设计概念还必须能够调节具有高间歇性的可再生资源。

我们已进入小型模块化反应堆的时代。

包括小型模块化反应堆在内的新一代反应堆融合了过去 50 年的所有经验和先进技术,并有望大举进入市场。但是,关于小型模块化反应堆在众多能源选项中的地位仍不清晰。

Ingersoll 博士清楚了解在世界范围内提升核能应用所面临的科学、社会和经济挑战,以及小型模块化反应堆在未来的作用。他在本书中认真解答了各个关键问题。

我们正处于人类能源历史上的十字路口,它将决定 21 世纪我们星球所剩的一切。我们需要做出正确的决定,这样才能留住美丽的世界,并为所有人类提供享受它的机会,而了解小型模块化反应堆是做出正确决定的必要前提。

本书的目的正是在于让读者全方位地了解小型模块化反应堆。

James Conca
《福布斯》科学撰稿人

前 言

我发现写作是一件既不容易也不愉快的事情。科学家和工程师通常不以其沟通技巧而闻名,我也不例外。但我对小型模块化反应堆(small modular reactor,SMR)的关注已经超过10年,且兴趣越来越浓厚。我已经同其他学者合作撰写了一些关于特定SMR主题的论文,并与Mario Carelli博士合作编写了一部囊括行业内大部分专家成果的SMR手册。这一工作进一步激发了我对小型模块化反应堆的热情,促使我总结对SMR的全部认知。2014年初的一系列事件和公告,似乎表明公众对SMR的可信度及其在市场上取得成功的能力产生了过度怀疑,这激发了我撰写一部相关图书的想法,现已将这一想法付诸行动。本书的一个主要目的是消除类似疑问,我确信未来SMR将成为能源的重要组成部分。

因此,本书会起到对SMR推广和普及的效果,还可为在该领域工作的从业人员提供新的灵感。多数情况下,本书适用于那些对SMR知之甚少或者对其可行性持怀疑态度并且有兴趣了解其更多信息的人。为了提高本书的可读性,我采用比大多数技术手册和期刊论文更个性化、更有吸引力的方式来呈现信息。书中用到了大量类比写法,而大多数类比并不是非常完美的,有些可能看起来略有牵强。但我发现类比方式在尝试学习一个新课题时非常有用,希望它也有助于读者的理解。

在本书中,我分享了许多在过去工作中的发现和心得,其中包括根据自己直观经验得到的推论,这可能会不可避免地引入一些个人偏见。例如,本书大部分内容与美国的SMR开发相关,且主要关注行业中应用较多的水冷式SMR,一部分原因是我认为水冷式SMR会首先达到商业化水准,后面我将以参与过的重要的SMR相关项目作为本书的分析案例和论述依据。

我对SMR的兴趣随着自己经历的一系列事件而不断增强——每一次事件都推动我走向一条新的职业道路。20世纪80年代,作为橡树岭国家实验室的辐射屏蔽研究员,我的任务是分析通用电气公司正在开发的动力反应堆固有安全模块（PRISM）设计的屏蔽要求。PRISM 与传统商业反应堆存在显著差异，不仅因为它是钠冷而不是水冷，还因为它采用了完全不同的方法进行设备设计，特别是大型输出设备，它由 9 个小模块组成。这种利用核能的新方法立即引起了我的兴趣，主要是由于该工艺具有设计简易性和装配灵活性等特点。

2000 年秋天，我参加了田纳西大学的一次座谈会，由西屋公司的首席科学家 Mario Carelli 主持。Carelli 介绍了新成立的国际组织，该组织正在开发国际革新与安全反应堆（IRIS）设计技术。IRIS 的核心是开发一个小型的整体式轻水反应堆，专注于满足反应堆极高的固有安全性，Carelli 喜欢将其称为"设计安全"。经过仔细调研，橡树岭国家实验室决定加入 IRIS 组织，我担任橡树岭国家实验室和 IRIS 联合实验室的主要负责人。近年来，我一直积极参与 IRIS 项目，直到出现了一个新的转折——全球核能伙伴关系。

美国能源部于 2006 年公布了"全球核能伙伴关系"计划。该计划的主要目的是开发分离和回收核废料的新技术，次要目的是探索用于国际部署的小型反应堆。输电网调配反应堆 GAR 计划极大地引起了美国和国际组织对 SMR 的兴趣。作为 GAR 计划的技术带头人的这一工作经历，很大程度上塑造了我对全球能源格局以及 SMR 重要性的看法。虽然 GAR 计划的周期较短，但后期我仍继续与能源部合作，开发后续的、以美国国内为重点的小型模块化反应堆计划。这种合作关系使得我对美国设计的 SMR 种类有了新的见解，并发现了国内公用事业单位对 SMR 的极大兴趣。

几年后，我选择离开橡树岭国家实验室并加入 NuScale Power 公司，这是一家致力于将新概念 SMR 商业化的企业。这一选择不可逆转地改变了我的职业发展道路，从参与先进的反应堆研究到致力于 SMR 的开发和部署，特别是 NuScale SMR。虽然我在撰写本书时受雇于 NuScale Power 公司，但完全是占用我的业余时间来完成全书的撰写工作并自费出版。因此，书中的见解完全属于我本人，而不是 NuScale Power 公司的观点。对于我而言，在 NuScale Power 公司工作是一个深思熟虑的选择，可以将我多年来积累的 SMR 相关研究和设计经验应用到工程实践当中。在本书撰写过程中，虽然引用了我所熟悉的特定 NuScale 设计作为说明性示例，但与 NuScale Power 公司的雇佣关系并不影响本书观点的偏向性。从全球范围来看，NuScale 设计思路最能够发挥 SMR 的固有优势，并将充分挖掘其许多潜在价值。NuScale 的研发团队具有一批肯投入时间和精力的工作人员，作为 NuScale 研发团队的一员，我感到非常荣幸和兴奋。

本书反映了美国及国际上有关 SMR 的研究活动，分为 3 个主要部分。第一部分介绍了全球能源格局，并解释了核能将成为未来全球能源重要贡献者的原因。在这一部分的讨论中,分别对比了几种具有较好应用前景的能源方案的优点和缺点,并介绍了 SMR 与这些能源选择之间的互补关系。书中回顾了核电行业前 50 年中 SMR 的发展历程并发现较小尺寸的反应堆在核行业的初始阶段发挥了重要作用,在这 50 年中出现了许多 SMR 设计,但这些设计从未完全进入市场。在第 3 章中,我回顾了在过去的 15 年中亲身经历的 SMR 的发展史。

第二部分阐述了 SMR 设计的 3 个主要原则:增强安全性、提高可负担性和扩展灵活性,第 7~10 章论述了 SMR 具有优势的根本原因。需要说明的是,并非所有 SMR 都是完全相同的,不同的设计会突出 SMR 不同的特性并使其具有不同的优势。但总的来说,SMR 的较小单元尺寸提供了更好的设计理念,可以在设计中增加额外的事故恢复能力,并使核电在不同应用环境中具有更大的灵活性。一些 SMR 还提供设计简化和小的增量容量增长功能,可显著提高核电的可负担性。

第三部分对应于本书的最后几章,讨论了与 SMR 部署相关的问题,包括核能应用客户感兴趣的方面和需要面对的挑战。虽然 SMR 潜在客户所在领域不断扩大且需求水平不断上涨,但在进入商业市场之前仍有许多问题需要解决,包括技术、制度和社会所带来的挑战。在讨论将要面对的挑战时,强调了以创新的方式应对这些挑战的方法。最后,重新评估了 SMR 是核能发展过程中的昙花一现还是大势所趋这一问题。本书的结尾回答了开篇的问题:能源需求的增长是必然的且持续的。本书的目的在于帮助读者认知核电在特定应用场景下所能发挥的作用,并预期 SMR 将成为核电未来发展不可替代的一部分。

致 谢

在研究中小型模块化反应堆(SMR)的道路上,我与许多有才华、有正能量的同事相遇并且一起工作。我在书中已经提到了我的一些同事,在此,我要特别感谢他们中的一些人。

首先,我要感谢 IRIS 国际组织的充满激情的领导者,马里奥·卡雷利(Mario Carelli)。我从马里奥和他的 IRIS 组织中学到了大量有关反应堆工程方面的知识。我还要感谢由马可·里科蒂(Marco Ricotti)领导的米兰理工大学(POLIMI)小组。POLIMI 小组几乎对 IRIS 每个方面的设计都做出了贡献,并继续对中小型反应堆研究的各个方面进行有见地的研究。我还要感谢美国能源部(DOE)的迪克·布莱克(Dick Black)在为 SMR 项目争取联邦资金方面的有效领导和坚持不懈,以及他为我的书稿提供的专业的评审。同样,我要感谢能源部的同事们,包括负责管理适合电网的反应堆项目的罗布·普赖斯(Rob Price),以及负责管理 SMR 许可技术支持项目的蒂姆·贝维尔(Tim Beville)。我还要感谢谢雷尔·格林(Sherrell Greene)在橡树岭国家实验室资金上的慷慨支持,使我能够在联邦资金长期拖延的情况下继续参与 SMR 项目。

在国际上,有两位同事——弗拉基米尔·库兹涅佐夫(Vladimir Kuznetsov)和哈迪德·苏布基(Hadid Subki),他们在鼓励人们广泛认识小型反应堆方面做出了贡献,我要向他们表达特别的感谢。他们在国际原子能机构开展了多个项目,向参与国介绍小型模块化反应堆,并支持日益壮大的小型模块化反应堆团体之间的持续对话。

我尤其想对轻水堆能源团队的创始人何塞·雷耶斯(Jose Reyes)表示感谢。他热情地欢迎我加入轻水堆能源团队,和他一起工作很愉快。他在技术上的领导、在专业上的奉献以及人品上的正直一直激励着我。

我要感谢 Woodhead 出版社同意出版本书,尤其是莎拉·休斯(Sarah

Hughes),她在我撰写书稿期间提供了很多鼓励和建设性意见。我还要感谢亚历克斯·怀特(Alex White)在书稿最后完善过程中的帮助。

最重要的是,我要感谢我美丽的妻子凯蒂(Katie),感谢她在整个创作出版过程中对我充满耐心并鼓励,感谢她对我初稿的审查和指正。尽管我醉心于事业会严重影响我们的家庭,但我的妻子仍然全力支持我,我永远感谢她。我还要感谢我的3个出色的孩子,本(Ben)、蒂娜(Tina)和洛里(Lori),感谢他们忍受了我无数堂"物理讲座",感谢他们给我和妻子带来了6个可爱的孙子、孙女。最后,在我充满爱的回忆中,我要感谢我的父母,是他们的奉献精神让我在少年时便得到了宝贵的机会。

原著者介绍

Daniel T. Ingersoll 博士现就职于研发小型模块化反应堆技术的美国 NuScale Power 公司,担任科研合作总监一职。就职于 NuScale Power 公司之前,Daniel T. Ingersoll 博士在橡树岭国家实验室小型模块化反应堆研发办公室任高级主管,曾担任输电网调配反应堆(Grid-Appropriate Reactors,GAR)计划的技术带头人,具有近 40 年的先进反应堆研究经验。Daniel T. Ingersoll 博士另著有包括 *Handbook of Small Modular Nuclear Reactors*(Woodhead 出版社,2015 年)、*Handbook of Small Modular Nuclear Reactors*(Woodhead 出版社,2014 年)等与小型模块化反应堆相关的图书,其著作由 Woodhead 出版社、Elsevier 出版社等国际知名出版社出版。

目录

第1部分　奠定基础___1

第1章　能源、核能及小型模块化反应堆 ･･････ 3
1.1　昙花一现还是大势所趋 ･･････ 3
1.2　能源的重要性 ･･････ 5
1.3　核能的新发展：核复兴 ･･････ 10
1.4　核能发展的挑战 ･･････ 14
1.5　小型反应堆的战略作用 ･･････ 17
参考文献 ･･････ 18

第2章　小型反应堆简史（1950—2000年）･･････ 20
2.1　军事推进和动力 ･･････ 20
2.2　核能商业化 ･･････ 24
2.3　公众的愤怒 ･･････ 27
2.4　重新定向核工业 ･･････ 29
2.5　早期国际小型模块化反应堆活动 ･･････ 31
参考文献 ･･････ 35

第3章　现代化小型模块化反应堆的出现（2000—2015年）･･････ 37
3.1　核能复兴的先驱者 ･･････ 37
3.2　重启核工业 ･･････ 39
3.3　重启核技术研发团队 ･･････ 40
　　3.3.1　核能研究倡议 ･･････ 41
　　3.3.2　第四代反应堆计划 ･･････ 42

XV

  3.3.3 全球核能伙伴计划 ……………………………… 43
 3.4 新的军事需求 …………………………………………… 44
 3.5 美国现代小型模块化反应堆的横空出世 ……………… 45
 3.6 核能复兴的减缓 ………………………………………… 49
 3.7 国际小型模块化反应堆活动 …………………………… 50
 参考文献 ……………………………………………………… 54

第 2 部分 原理和特点 57

第 4 章 101 座核电站：了解核反应堆 ……………………… 59
 4.1 基本动力设备特点和功能 ……………………………… 59
 4.2 反应堆代型 ……………………………………………… 61
 4.3 反应堆技术分类 ………………………………………… 62
  4.3.1 水冷反应堆 ……………………………………… 63
  4.3.2 气冷反应堆 ……………………………………… 64
  4.3.3 金属冷却反应堆 ………………………………… 65
  4.3.4 熔盐反应堆 ……………………………………… 66
 4.4 大和小的对比 …………………………………………… 66
 参考文献 ……………………………………………………… 67

第 5 章 强化核安全 …………………………………………… 68
 5.1 小型模块化反应堆的基本术语 ………………………… 68
 5.2 安全与核能产业 ………………………………………… 69
 5.3 超越安全设计 …………………………………………… 72
 5.4 稳健性设计 ……………………………………………… 73
  5.4.1 非能动安全系统 ………………………………… 74
  5.4.2 主回路系统组件的布置 ………………………… 75
  5.4.3 衰变热排出（余热排出）……………………… 78
  5.4.4 其他设计特征和选择 …………………………… 79
 5.5 应对福岛事故的抵抗力 ………………………………… 82
 5.6 安全性能总结 …………………………………………… 84
 参考文献 ……………………………………………………… 84

第6章	提高核能的经济可承受性	86
	6.1 核电业务	87
	6.2 关于经济指标的重新思考	88
	6.3 可承受性	89
	6.4 经济竞争性	92
	6.4.1 简化规模经济	93
	6.4.2 小型化的强化经济性	95
	6.4.3 规模的不经济性	97
	6.4.4 其他经济因素	99
	6.5 降低经济风险	100
	参考文献	102
第7章	扩大核电灵活性	104
	7.1 大小的重要性	104
	7.1.1 远程客户	106
	7.1.2 电网管理	107
	7.1.3 非电力客户	109
	7.2 模块化的好处	110
	7.3 选址的好处	111
	7.4 对热应用的适应性	113
	7.4.1 区域供热	114
	7.4.2 水脱盐	114
	7.4.3 采油和炼油	116
	7.4.4 混合能源系统应用	118
	参考文献	120

第3部分　对现实的保证___123

第8章	小型模块化反应堆的潜在客户	125
	8.1 新型国家	125
	8.2 国内公共事业	130
	8.3 热工艺用户	132

XVII

8.4 美国政府 ·· 133
　　8.4.1 非国防部联邦设施 ··· 134
　　8.4.2 国防部(DOD)设施 ·· 137
参考文献 ·· 138

第9章　向终点进军：部署挑战和机遇 ······································ 140

9.1 技术挑战与机遇 ··· 140
　　9.1.1 技术挑战 ·· 141
　　9.1.2 技术机会 ·· 143
9.2 制度挑战与机遇 ··· 144
　　9.2.1 美国监管挑战 ·· 144
　　9.2.2 国际许可 ·· 149
　　9.2.3 美国法律和政策障碍 ··· 150
　　9.2.4 商业挑战 ·· 150
9.3 社会挑战与机遇 ··· 151
　　9.3.1 核废料与扩散 ·· 152
　　9.3.2 现有的对手和支持者 ··· 153
　　9.3.3 公众接受度 ··· 154
9.4 政府角色 ··· 156
参考文献 ·· 159

第10章　昙花一现还是大势所趋 ··· 161

10.1 时尚 ·· 161
10.2 未来 ·· 163
10.3 展望未来 ··· 164
参考文献 ·· 166

第 1 部分

奠定基础

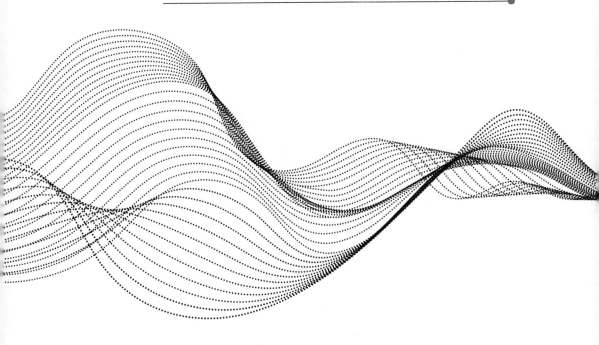

第1章
能源、核能及小型模块化反应堆

对于那些不熟悉小型模块化反应堆（SMR）的人来说，它们只是以一种不同的方式来包装核能，以便为商业能源市场供热或供电。它们既不是核工业中全新的概念，也不代表一种全新的技术。与汽车行业类似，它们代表的是由悍马主导的行业中的智能汽车。它们旨在为那些不适合使用大型核电站的客户提供能源选择。这些新客户的需求决定了它们的设计功能，这些客户通常需要更低的标价、更高的核电站、抵抗能力以及更大的选址和使用灵活性。SMR在核工业中引起了极大的关注，也产生了很多兴奋和困惑。基于兴奋和为大家解答困惑，本书的目的是给大家提供我个人的观点，这些观点来自于我在该领域15年的积累。最重要的是，我希望提供足够的证据和见解来回答当前的问题：SMR只是市场的昙花一现，还是会成为核电未来经久不衰的一部分？

1.1 昙花一现还是大势所趋

在我的大部分职业生涯中，我一直从事先进核电的研发。在过去的15年中，我几乎完全专注于SMR。我对这个主题非常着迷，并且对它们的优点深信不疑，以至于我从未想过SMR可能永远不会投入市场。2009—2012年，我与美国能源部合作制定了一个鼓励SMR的研究、开发、许可和部署的新计划，我们看到核能界对它们的兴趣正在迅速扩大。我们还得到了美国白宫、参议院和众议院以及共和党和民主党空前的政治支持。业界媒体，甚至是大众媒体，都对SMR激动人心的前景充满了乐观。在此期间，陆续出现了针对SMR的行业会议，整个会议都围绕该主题。甚至顽强的反核组织也只提出了微弱的反驳，这些反驳主要集中在SMR尚未证实的效益上。

2014年初，美国两家著名的SMR供应商宣布，他们明显减少了开发和许可新SMR设计的工作，表面上是基于财务考虑和市场不确定性。很快，一些文章出现了，指出 SMR 只是昙花一现的时尚，它们将注定要部署到历史书籍中。这个想法对我来说完全陌生，也促使我思考：SMR 只是昙花一现的时尚吗？另外，鉴于我们的发展状况，我们能否可靠地预测它们是否会消失或成为我们能源未来的永久组成部分？

在解决这些问题时，我发现研究以前昙花一现的现象并寻找其共同的趋势十分有帮助。玩具产业可为研究时尚相关问题提供丰富的环境。举个例子，"宠物石"仅在 1975 年的一个假期中风靡了一段时间。说实话，我当时对此产品的寿命持怀疑态度——毕竟，为什么会有人愿意花几美元买一颗普通的河石？"椰菜娃娃"在 20 世纪 80 年代流行了几年，但它们也很快消失在产品历史中。同样，"忍者神龟"在最初的流行达到了顶峰，然后在几年后逐渐消退，尽管看起来这些戴着坚硬外壳的战士们正在卷土重来。

相比之下，其他新产品虽然最初被视为短暂的时尚，但最终它们改变了所在市场的未来，甚至创造了一个全新的市场。例如，iPad 平板电脑。苹果 iPad 于 2010 年推出时，很快就被贴上了时尚的标签，其销售要归功于苹果"狂热粉"的坚韧不拔，他们通常排队数天，成为苹果最新款小发明（iPad）的首批购买者之一。我碰巧与其中一些狂热分子一起工作，并且听到其中一人惊呼："直到我看到一个 iPad，我甚至不知道自己需要它。"短短几年后，平板电脑主导了消费电子市场，并已经对手机、笔记本电脑和主流操作系统的功能产生了深远的影响。我 7 岁的孙子已经拥有了自己的平板电脑，并经常指导我如何使用它。

为什么结局会有所不同？我们如何才能知道什么是昙花一现的时尚，什么是未来的大势所趋呢？从上面的简单例子中，我不得不说，独特地满足消费者的需求是一个关键因素。iPad 的例子提供了最深刻的见解——该产品满足了消费者的需求，而直到需求被满足才被消费者意识到。在接下来的章节中，我将尝试解决 SMR 是"昙花一现还是大势所趋"这个问题，着重强调其满足特定客户需求的特点。我从一开始就坦率地承认，我是核能的忠实拥护者，尤其是 SMR。因此，与其尝试掩饰这种偏爱，不如为我的热情打下基础。我将通过讨论它们的局限性以及在功能实现时所面临的许多障碍，来适当地调节我的热情。

预测核领域新产品的未来所面临的挑战是，产品研发的进展步伐如冰川运动般缓慢，可能需要数十年才能实现。实际上，现在冰川的运动速度都可能超过了核工业的发展速度。在最近一次阿拉斯加的巡游中，我和我的妻子十分震惊地发现，在过去的几年中，雄伟峡湾尽头的冰川已经后退了很远的距离——在某些情况下甚至有几英里。我不确定核工业是否会吹嘘拥有如此明显的变化速度。我认为,正是这种缓慢的发展步伐,在一定程度上促使一些人认为 SMR 是一种昙花一现的时尚。这源于人们天生就缺乏耐心,而在我们这个即时通信的世界里,这是一个越来越明显的特征。有些人太快地声称 SMR 是成功的,随着相关进展以蜗牛的速度向前推进,这使人们产生了幻灭感。其他人则太急于预测自己的失败,但其实有时只是由于使用了错误的指标来判断成功和失败。回顾一下 iPad 这一例子,有些人在 iPad 首次发行时就对它不以为然,因为它比手机笨重得多,但又因为处理器的能力太有限,无法用作计算机。基本上,他们评判 iPad 的标准与评判手机和台式电脑的标准是一样的。iPad 已经取得了成功,因为它既不是手机也不是台式电脑,它提供了全新的功能。批评家有一个共同的特征,那就是关注产品不能做或者做得不好的事情,而非发现它所具有的潜力。不幸的是,核工业发展的缓慢速度(以数十年来衡量)使批评者对 SMR 等新发展的价值主张进行了更为持久的攻击。

昙花一现还是大势所趋?这个问题的答案肯定要花几年的时间才能确定。基于 iPad 的成功,一个更具说服力的问题可能是:SMR 能否满足重要且未被满足的需求?这个答案可能隐藏在全球能源格局中,包括作为全球能源结构一部分的核能的趋势。我的故事便从能源需求开始。

1.2 能源的重要性

考虑使用核能或任何能源的原因很简单:充足、可负担得起的能源的可用性与生活质量直接相关。多项研究表明,能耗与生活质量之间存在紧密的联系。劳伦斯·利弗莫尔国家实验室(Lawrence Livermore National Laboratory,LLNL)的艾伦·帕斯特纳克(Alan Pasternak)[1]进行的一项重要研究证明了这种相关性,该研究中使用的人类发展指数(HDI)是联合国维护的一项复杂、多方面的指标,用于每年评估世界上每个国家的生活质量。HDI 的确定基于数个国家因素,包括生活指数、营养、收入、受教育年限和获得清洁水资源等指标[2]。Pasternak 绘制了 60 个国家的 HDI 作为该国每年人均用电量的函数。他观察到这两个因素之间有着惊人的相关性,当 HDI 值大于 0.9 时,明显的阈值为 4000kW·h 用电量;几乎所有生活质量较高的国家每年人均消耗至少为 4000kW·h。

Pasternak 的研究基于 1997 年 HDI 和电力消耗的数据。我在图 1.1 中更新了他的结果,基于 2011 年的数据,该图显示了 129 个国家类似的 HDI 与人均能源消耗之间的关系[2-3]。与 Pasternak 最初的研究一样,该图说明一个国家的 HDI 与人均能源消耗之间存在明显的相关性。数据中有少量的分散,部分原因是不同国家气候条件的影响,也就是说,高纬度国家的人均用电量往往比气候温和的国家高。例如,冰岛被排除在图表之外,因为它严重扭曲了图表的比例,与日本相比,冰岛年人均使用 52400kW·h 电量,HDI 才能达到 0.89,而日本人均仅使用 7900kW·h 就能达到类似的 HDI 值。但是这种趋势是显而易见的。最初,能源对提高生活质量的重要性使我在 40 年前开始研究核电,今天,这种动力继续激励着我。

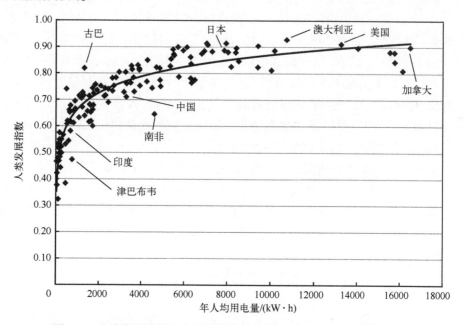

图 1.1　人均能源消耗与生活质量之间的关系(基于 2011 年的数据)。趋势线是对 129 个数据点的简单对数拟合[2-3]

在图 1.1 中值得注意的是,中国和印度这两个世界上人口最多的国家,其 HDI 值处于中低水平,而能源消耗也相对较低。随着这两个国家以惊人的速度增加新能源产能,预计未来几年这两个国家的 HDI 和能源消耗都将增加。事实上,从 Pasternak 1997 年的数据到 2011 年的最新数据,中国的人均能源消耗增加了两倍。印度的能源消耗也有所增加,尽管没有中国那么显著。

本着完全公开的精神,相关性并不一定意味着因果关系。例如,在晒伤更多的日子里,人们会吃更多的冰淇淋,但这并不意味着冰淇淋会导致晒伤。实际上,出现这两个因素有一个共同原因:炎热的晴天。因此,Pasternak 观察到的关系并不一定意味着更多的能源消耗会带来更高的生活质量,反之亦然。然而,当我环顾四周,看到家里那些有助于提高我生活质量的功能时,从直觉上看,这两个因素之间存在因果关系。比我的简单观察更科学的其他研究也得出了强有力的因果关系,尤其是在获得如电和天然气等高质量能源方面[4]。

随着清洁水的日益匮乏,能源和生活质量之间的关系必将变得更加明显。HDI 的一个主要指标是干净的水源,但是越来越多的地区,甚至整个国家,都出现了严重的水资源短缺,或者消耗淡水的速度快于重新供应的速度。包括美国在内的世界各国都在努力减少或消除其能源进口,同时面临着清洁饮用水日益短缺的问题。许多国家被认为是"用水紧张"的国家,这意味着它们的人均淡水供应量每年低于 2000m^3。即使在全国水资源充足的国家中,水的地理分布也通常不均匀,某些地区可能会出现水资源短缺的情况。例如,美国西南部地区,过去几年的年用水量一直超过水的生产量[5]。即使在通常降水丰富的美国东南部地区,干旱和人口增长也在一些地区造成了严重的水资源短缺,从而导致了地区局势紧张。举例来说,我住在田纳西州东部,佐治亚州议会多次试图改变佐治亚州和田纳西州之间长期边界的位置,这是当地利益的重点。他们声称,当前边界是 1818 年测量师的错误造成的,并且错误地拒绝了佐治亚州获得田纳西河急需的水源,而田纳西河就在这条错误边界以北一英里处[6]。

随着清洁的地下水和地表水资源的减少,越来越多的地区开始将海水淡化作为满足清洁水需求的一种手段。根据全球水情报组织的数据,全世界大约有 16000 个海水淡化厂,每天生产约 7500 万 m^3 淡水[7]。2010—2011 年新增 700 多家工厂,使全球产能每天增加 520 万 m^3。预计这种增长将持续下去,并受到人口持续增长、发展中国家快速工业化、城市化以及淡水资源减少的推动。

困境:生成能源需要水,产生和分配水则需要能源。这引起了人们对所谓的"能源-水关系"的巨大兴趣[8]。例如,2005 年美国 41% 的淡水资源被用于冷却热电厂。同年,全球平均每天使用 7300MW 的电力来生产 3500 万 m^3 的清洁水。在许多国家已经面临极端缺水的情况下(这些国家也期望增加经济发展和生活质量),对丰富的、可负担得起的能源的需求和竞争将变得更加激烈。

世界人口继续增长,但改善生活质量的愿望却以更快的速度增长。美国能源信息署(EIA)预测,未来 30 年内,全球能源消耗将增长 56%,这仅仅是一代人的时间[9]。EIA 进一步预测,大部分增长将出现在那些目前还未被世界市场注意到经济影响的国家中。具体来说,他们估计发展中国家的能源消耗将增加近一倍,而发达国家的能源消耗将小幅增长 17%。发展中国家对能源的巨大需求由其对更好生活的追求所驱动或者是这种追求的结果。

各国之间的能源政策差异很大,部分原因是社会动机不同。以印度为例,他们急于改善生活条件,并得出结论,只有通过有意扩大其能源生产能力的计划,才能解决其低 HDI 等级的问题。他们从为自己的人口提供目标生活质量开始,然后利用 Pasternak 提出的或类似的关系式,确定要实现其目标 HDI 需要人均增加多少能源[10]。鉴于其超过10亿的人口（并且还在不断增加），这是惊人的能源量——数十亿瓦的新发电容量。作为能源增长战略的一部分，他们开始了一项积极的三阶段计划，以极大扩展其核能发电能力，这将基于他们国内大量的钍储量而实现可持续的、封闭的燃料循环。

中国也正处于经济快速扩张的困境中。他们正在尽快收集各种原材料，建造各种类型的新电厂。目前，他们已经规划了近400个燃煤电厂项目，是世界上新太阳能产能增长最快的国家，还有28个核电站正在建设中[11]。就核项目而言，他们不仅在迅速扩大水冷反应堆的数量——同时使用进口设计和国内设计，而且在追求先进反应堆技术方面也处于世界领先地位。特别是，他们正在建设一个钠冷快中子反应堆示范堆、两个高温气冷反应堆，并着手进行一个熔盐试验反应堆项目。东南亚的其他国家，如马来西亚、印度尼西亚和越南，也在迅速发展其经济，并且大多数国家都在积极寻求核能[12]。

西欧已经拥有高度发达的经济、高质量的生活和成熟的能源基础设施。他们对新能源产能的兴趣主要是维持经济并改善能源安全，同时减少对碳排放能源的使用。一些国家，如德国，正试图通过增加使用风能和太阳能来实现这些目标。法国等国家坚守其对核能的承诺——这是他们自1974年以来一直坚持的决定。英国曾经是全球核能的主要先驱，在一段时期内已经放弃了这种能源选择，但现在正迅速重新采用核能。此外，东欧国家在融入欧洲共同体并努力实现能源生产能力自给自足的同时，也在加快经济发展。

中东国家以其丰富的石油资源而闻名，令人惊讶的是，这些国家未来的能源发展正转向核能。尽管许多其他国家已经无可救药地依赖石油进口来满足其能源需求，但中东国家同样依赖于其石油出口的收入。这些国家对此种依赖的认识促使其中许多国家制定了国内核能计划，以便为美国等急需石油的国家节约有限的石油资源。阿联酋目前正在建设其首批4座核电站，该地区的其他几个国家，以沙特阿拉伯、约旦和埃及为首，正在积极推行核能计划[12]。总体而言，考虑到经济发展、能源安全和温室气体（GHG）排放等因素，预计未来30年全球核能将增长一倍以上[9]。

总体而言，美国的生活质量令世界大多数国家艳羡。也许是由于成功的自满情绪，尽管能源进口、国内能源供应和基础设施的流动出现了几次重大中断，但美国仍然缺乏一种灵活、合理和可持续的能源政策。尽管如此，我仍然保持乐观，因为人们对寻求多样化的清洁能源选择的重要性越来越关注。正如温斯顿·丘吉尔（Winston Churchill）所说："美国人总是正确无误，但这是在他们尝尽所有其他可能性之后。"作为明智的能源战略取得进展的证据，奥巴马总统在2011年的国情咨文中宣称：

到2035年,美国80%的电力将来自清洁能源。有些人倾向于风能和太阳能;其他人则倾向于核能、清洁煤和天然气。为了实现这一目标,我们将需要全部类型的清洁能源[13]。

美国很幸运,拥有丰富的能源资源,并且有足够的财力来制造或购买其他清洁能源技术。许多国家没有这么奢侈,其能源投资组合非常有限。在我职业生涯早期,我曾愚蠢地争辩说为什么核能比其他的能源好得多。与大多数能源规划者一样,我已开始意识到,平衡的多种选择的能源组合才是正确的答案。正如奥巴马宣称的,我们需要"以上所有"。

为了理解这些选择,特别是为了减少温室气体(GHG)的排放,了解当前能源结构中可用的诸多能源选择在整个生命周期中GHG的排放特征非常重要。图1.2显示了世界核协会基于21项独立研究的汇编对GHG排放进行广泛研究的结果[14]。每种排放源的排放值范围取决于每项研究中的假设不同,以及用于开采或回收原料燃料、制造和建造工厂基础设施、输送能源以及处置废物的过程的多样性。数据非常有说服力,非化石能源在减少温室效应气体排放方面具有最大的潜力,这并不是个大问题。不幸的是,如图1.3所示,美国2/3(67%)的电力来自化石燃料,这是2014年美国发电所用能源结构的特征[15]。如果我们算上运输和工业能源的使用,化石燃料在能源总产量中所占的比例则上升到80%。

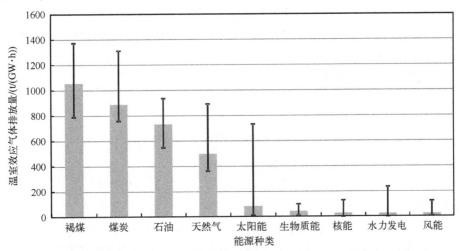

图1.2 基于电力生产的通用基础,不同能源的生命周期GHG排放量对比结果[14]

美国正在积极努力扩大可再生能源的使用。我们应该继续这样做,同时要注意这些看似"免费"的能源所面临的一些基本挑战。正如威廉·塔克(William Tucker)在《地球能源》(*Terrestrial Energy*)一书中巧妙描述的那样,这些能源需

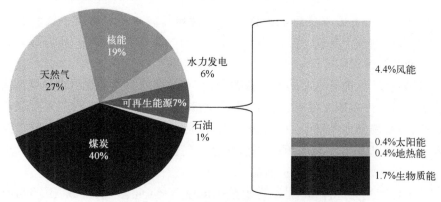

图 1.3　2014 年美国电力生产的主要来源[15]

(图中数据四舍五入)

要克服能源密度这一巨大障碍[16]。根据塔克的计算,核能的固有能量密度是化石燃料的 200 万倍,而化石燃料的能量密度是各种可再生资源(风能、太阳能和生物质能)的 2~50 倍。为了弥补此不足,风能和太阳能等可再生能源的收集必须在广阔的土地上进行。根据《拯救世界的力量》(Power to Save the World)一书的作者格温妮丝·克雷文斯(Gwyneth Cravens)的说法,一个产生 1000MW$_e$①的风力发电场电力需要 200 平方英里,一个相同发电量的太阳能电池板需要 50 平方英里,而核电站则需要 1/3 平方英里[17]。在美国的某些地区,这可能是可以接受的折中方案。其西南部广阔而干燥的地区为利用光伏或聚光太阳能技术收集太阳能提供了绝佳的地点,中西部广阔的农田也可与风电场合理共享。然而,很难想象这种情况发生在曼哈顿岛或亚特兰大市中心。相比之下,核能提供了几乎无限的丰富、清洁的能源,并且其过往的安全记录在能源行业是无与伦比的。美国加入全球增加使用核能的行列,时机和条件都已成熟。

1.3　核能的新发展: 核复兴

从 2000 年左右开始,美国国内对核电的兴趣似乎又复苏了。这正是核工业的先驱阿尔文·温伯格(Alvin Weinberg)所预言的"第二个核时代"[18]。这种兴趣的复苏常常被业界爱好者称为"核复兴"。核复兴现象主要出现在美国。美国商业核能的早期起步使其在 20 世纪 70 年代建立了可观的发电能力。然而,在这之后的 30 年里,没有新的工厂订单,许多工厂被取消或关闭。现在,美国似乎已经坚定地回到了扩大其核能发电能力的道路上,完成了之前废弃的一个核

---

① MW$_e$ 中的下角 e 表示电功率。

电机组("沃茨巴"2号)的建设,并建造了4个新机组:佐治亚州沃格特勒(Vogtle)核电站的两个机组和南卡罗来纳州 V. C. Summer 核电站的两个机组。其他国家,如法国、中国和印度,几乎一刻不停地持续发展他们的核能队伍。还有一些国家,尤其是那些寻求启动核能计划的国家,正在密切关注美国对核能的立场,并等待明确的迹象表明其核复兴是真实的。

鉴于美国核工业在安全性和可靠性方面的出色记录,核能成为美国清洁能源结构的重要组成部分极具优势。现在正是美国重新拥抱核能的时候,原因有以下几个。法国利用核能生产近80%的电力,而美国利用核能生产的电力不到20%。过去,追随法国的最大挑战是美国大量的廉价煤炭储备,这就是煤炭一直主导其能源结构的原因。但是,从1997年起草并于2005年实施的《京都议定书》(Kyoto Protocol)开始,全球对温室效应气体排放(主要是碳排放)对大气的有害影响感到日益担忧。无论你是全球气候变化的坚定信奉者,还是喜欢清洁空气的人,每天将数百万吨的碳排放到空气中都毫无道理。美国为减少碳排放作出了反复的努力,但现在看来,为实现这一关键目标,人们正在进行更加持久和协调一致的努力。

巴拉克·奥巴马(Barak Obama)在2008年竞选总统时,承诺到2050年将美国的碳排放量在2005年的基础上减少80%。他在2009年兑现了这一诺言,发布了第13514号行政命令,该命令为联邦设施设定了非常严格的减排目标[19]。为了证明这一挑战的规模,2005年美国的碳排放量约为6000Tg(1Tg=10^{12}g,即60亿t)[20]。将该数量减少80%,我们的目标是1200Tg。美国历史上最后一次向大气中排放这么多的碳是在1906年![21]确实,在不显著影响生活质量的同时,实现这一基本目标的挑战是惊人的。

在电力生产行业,燃煤电厂的温室效应气体排放量最高。美国的燃煤电厂占电力生产部门二氧化碳排放量的75%[20]。即使使用现代的洗涤塔,燃煤电厂也面临着大幅减少碳排放的挑战。在一些人看来,"清洁煤"技术是一种自相矛盾的说法,它还有许多技术障碍,碳捕集和碳储存技术也是如此。这些领域的研究仍在继续,也应该继续进行,但事实证明进展非常具有挑战性,更有希望的方法似乎非常昂贵。同时,全国许多公用事业公司都开始计划关闭其燃煤电厂,特别是效率较低的老式电厂。一些大型的产煤州对此趋势表示关注,并已着手开发可将煤炭转化为高价值(低排放)产品的技术。

图1.4(a)提供了2008年美国所有运营的燃煤电厂的散点图,这些散点图是初始运营日期和装机容量的函数[22]。图1.4(b)是这些燃煤电厂的累积容量曲线。如果美国公用事业公司关闭所有已有50年以上历史的燃煤电厂,那么它们将需要替换大约75GW_e的容量。如果关闭40年以上的工厂,这个数字将增加100GW_e,替换这么多的基本负荷电力是一个巨大的挑战。

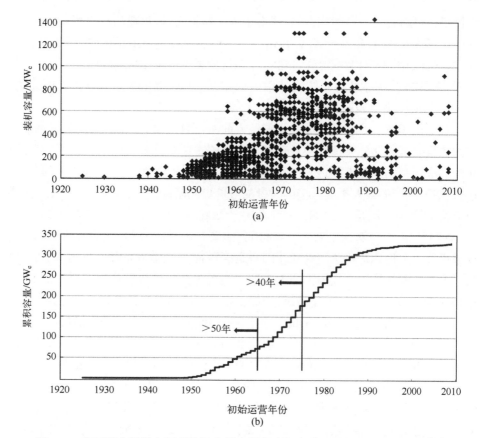

图1.4 美国所有燃煤电厂的装机容量和累积容量与其初始运营年份的函数[22]
(a)装机容量;(b)累积容量。

解决温室效应气体排放挑战的一个要素是增加可再生能源的使用,包括水力发电、风能、太阳能、地热和生物质能。在过去10年中,美国将非水电可再生能源的使用量增加了大约3倍,尽管它们仅占美国总发电量的6%,其中2/3来自风энергии[23]。尽管我在前面提到了关于能源密度的警告,但我认为扩大可再生能源的使用是一个积极的趋势,这样做是有意义的。举个例子,2012年10月的一天,我开车穿过华盛顿和俄勒冈州之间的哥伦比亚河峡谷,当时风很大,当我经过数千个旋转的风力涡轮机时,我不得不双手握紧方向盘。巧合的是,这些接入邦纳维尔电力局(BPA)系统的无数个风力涡轮机在当天创下了发电纪录。这是历史上第一次,风电场的发电量(高达 $4200MW_e$)超过了 BPA 的水力发电量[24]。显然,那里的风力发电是有意义的。不过,一个反例是田纳西州布法罗山顶上由18台风力涡轮机组成的小型风机集群。我的房子坐落在此,我可以看到这些风力涡轮机的好景色(尽管就个人而言,"风力涡轮机的好景色"是一种矛盾修辞法)。令人失望的是,涡轮机很少运转,特别是在闷热的夏天,周围到处都能听到空调的轰鸣声。因此,我要重申,扩大可再生能源的使用是一个可取的趋势,这样做是有意义的。

风能和太阳能最令人沮丧的方面在于它们不可靠。正如我刚才提到的,当你最想使用其输出的电能时,风力涡轮机有时会停止运转。同样,太阳能发电机在夜间为我们的照明灯供电时效率很低,而这正是我喜欢照明的时间。随着风力和太阳能发电机在电网中所占比例的增加,它们给电网的管理者带来了相当程度的挑战。它们产生的可变和不可分配的电力必须以其他方式加以考虑,通常是通过使用相当数量的按需发电机(如天然气发电厂)和稳定数量的基本负荷容量来解决。电网规模能源存储的技术突破将有助于可再生能源的进一步发展,但是迄今为止,还未找到可行的解决方案。如果需要清洁的基本负荷能力,认真地说,核电是唯一的解决方案。

扩大使用核能的最后一个动机是非电力应用。在美国,大约40%的能源消耗被用于发电。交通运输占30%,工业应用占15%。由于大多数能源来自化石燃料的燃烧,因此导致国家碳排放量的分布也类似。图1.5给出了根据各部分能源消耗得到的 CO_2 总排放量,也包括2050年的目标(相比于2005年减少80%)[23]。如前所述,美国已有100多年未达到 CO_2 排放的目标水平。即使美国成功将发电市场完全脱碳,也仅能解决42%的问题。如果有任何实现国家目标的希望,美国必须开始将清洁能源发电转移到非电力市场。这些市场,特别是工业市场,通常需要全天候、全年无休(24/7/365)大量可靠的电力。目前唯一能满足该要求的能源选择是核能,没有例外。

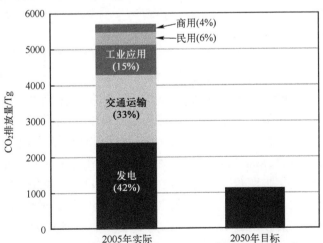

图1.5 美国2005年实际 CO_2 总排放量和各部分占比以及2050年目标 CO_2 总排放量[23]

核能对非电力应用并非完全陌生。目前，在9个不同国家中有59家核电站，为居民和/或工业用户提供区域供热系统的支持。此外，主要在日本、印度和哈萨克斯坦，大约有15家商业核电站被用来为海水淡化厂供热[25]。我的海军同事还总喜欢提醒我，还有更多的核电站，尽管不是商业核电站，但它们日常会从海水中产生清洁水。然而，核电站对海水淡化的相对贡献非常有限——仅占全球海水淡化能力的0.1%。还有许多其他工业应用，如炼油、塑料和化学制品的生产，以及金属精炼，这些都需要大量的热量，而这些热量可以由核电站提供。可能有许多原因导致核电站与工业电厂的整合滞后，包括技术、监管和政治方面的原因，但我怀疑其中一个重大挑战是现有大型核电站使用的传统部署模式。这暗示了小型核电站的几个潜在优势之一，因此我将推迟到下一章对非电应用进行更详细的讨论。

1.4 核能发展的挑战

虽然在电力领域中扩大核电并将其引入非电力能源领域似乎是理所当然的事情，但无疑也存在许多挑战。如今，美国面临的最大挑战或许是丰富而廉价的天然气供应。令大多数能源分析师惊讶的是，天然气在能源领域地位明显下降的局面，随着一种名为水力压裂法或简称为"压裂法"的新天然气回收技术而发生了巨大变化。水平钻井法和将高压水注入含气矿床的结合产生了大量的天然气，导致其价格跌至空前的水平。由于将燃气发电厂添加到电网中相对容易（成本和调度），且天然气更环保，其单位能源碳排放量约为煤炭的一半，这使其成为吸引公用事业公司高管们的一种选择，尽管他们过去曾因过度依赖天然气使燃料价格飙升而遭受损失。

尽管廉价天然气的供应给核工业带来了挑战，但我认为这对美国是一件好事。如前所述，很幸运，美国拥有各种各样的自然资源，这些资源都可以得到很好的利用。目前已经有一种行动，将原本用于进口液化天然气（LNG）的终端转换为出售天然气的出口终端，以便向那些天然气价格比美国高出3~5倍的国家出售天然气。廉价天然气甚至可能吸引化工和制造业转移回美国。对于美国来说是一个很好的机会，虽然我认为将这种自然资源作为高价值产品的原料而不是将其燃烧产热会更加明智。尽管它是一种比煤炭更清洁的燃料，但它仍对全国碳排放贡献巨大。此外，随着燃煤电厂的退役，天然气成为化石燃料的最后堡垒，其相对贡献将显著增长。这使我想到了核能或任何能源的下一个挑战：缺乏持续的国家能源战略。

之前，我提到了法国的经验，该国在1974年做出了明确的决定，即通过积极实施核能来实现能源独立。如今,法国将近80%的电力来自核电站,并向邻国提供了稳定的电力出口,其中一些邻国假惺惺地拒绝在其境内使用核能。我还简要提及了印度的情况,他们正在着手一项三阶段计划,旨在发展可持续的核燃料循环。印度战略特别吸引人之处在于,无论作者或机构如何,我听到的每一场演讲,读到的每一篇印度论文,都传达了完全相同的信息。像法国人一样,他们也实现了一项国家战略,并且正在共同努力实现这一战略。这与美国形成了鲜明的对比,在美国,你不太可能听到或读到两个人相同的观点。由于在制定可持续能源战略方面缺乏国家领导力,因此企业不愿投资新技术开发,公用事业不愿投资非常短期的发电解决方案以外的任何项目。

与政治不确定性相关的是不断变化的政治格局所带来的投资不确定性,传统上,这种不确定性通常随着政党主导地位的变化而改变。从积极的一面来看,奥巴马总统是首位公开表示支持核能的民主党总统,并且在很多场合多次表态。然而这种言论并不总是反映出以联邦投资分配为衡量标准的政治优先事项。图1.6对比了2010年和2013年美国联邦政府对几种能源的补贴[26]。这一事实胜过雄辩,至少对投资和用户群体而言。此外,这种支持核能的言论并不能解释为何放弃数十亿美元纳税人的钱,而这些钱在过去几十年里被用来为高放射性核废料提供永久性的储存库。其结果是对核工业、投资界和普通公众带来了混杂的信号。

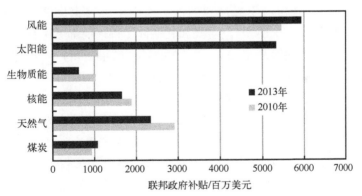

图1.6 美国联邦政府在2010年和2013年对不同能源技术的投资[26]

与核能摇摆不定的政治支持有关的是,许多政策都倾向于其他特定的能源形式,尤其是可再生能源,这极大地扭曲了能源市场。这些措施包括增加可再生发电机的税收抵免和强制性的能源投资组合,要求电网调度员必须优先从风力涡轮机或太阳能发电厂获取电力,尽管它们可能造成电网不稳定。正是联邦税收优惠政策鼓励了我们田纳西州当地的公用事业公司在布法罗山上建造风力涡轮机，尽管其容量系数不到 20%。这些市场扭曲的结果是，国家的一些地区实际上经历了负电价，也就是说，生产的电量多于可售的电量。这使已建立的基本负荷电厂处于不利地位，我们已经开始看到，由于市场经济状况不佳，高性能的基本负荷电厂永久关闭，包括 2013 年的基沃尼（Kewaunee）核电站和 2014 年的扬基（Vermont Yankee）核电站。

抛开政治不谈，2008 年引发的国家和全球金融危机加剧了核能面临的另一个重大挑战，即现代核电站的总造价。虽然要知道核电站的确切成本既困难又复杂，但这个数字是由买卖双方私下掌握的数字推测，一个吉瓦级的核电站价值在 50 亿~80 亿美元之间。据报道，在佐治亚州沃格特勒基地建造的双机组电厂耗资 140 亿美元，令人震惊。在美国，这意味着只有最大的公用事业公司才会考虑进行此类收购。这一巨大的成本挑战主要是由于市场上的核电站都是吉瓦级核电站，其中一些接近 $2GW_e$。2007 年，美国副总统阿尔·戈尔（Al Gore）在国会环境与公共工程委员会的一次听证会上指出："问题在于这些东西（核电站）很昂贵。它们的建造需要很长的时间，而目前它们只有一种尺寸——超大号。"[27] 自 20 世纪 50 年代末建成第一批商业化工厂以来，工厂大型化已成为全国乃至全球的趋势。超大规模的、定制及复杂的工厂，通过增加材料和人工而增加了成本，同时也增加了漫长建设计划期间的融资成本。结果是，对于许多负担不起大型工厂且不需要那么多发电量的公用事业和能源客户来说，核能解决方案不是一个可行的选择。这相当于去当地的汽车修理厂更换家用轿车，只找到悍马 H1s。尽管我很想带一个回家，但对我和其他许多人来说都不可行。

最后，另一个重大挑战来自 3 起重大的核电站事故：1979 年美国三哩岛核电站事故、1986 年苏联切尔诺贝利核电站事故和 2011 年日本福岛第一核电站事故。这些事故的第一个直接影响是公众舆论的侵蚀，导致一些国家完全放弃了核能。幸运的是，在每次事故后，公众的支持都有所反弹，现在在美国和其他几个国家情况已经非常有利。这些事故带来的一个更持久的挑战是核工业和监管机构的必然反应。一方面，吸取的教训为改进核电站的技术和工程提供了宝贵的见解和指导，大大增加了所有现有和新建核电站的安全性；另一方面，这些事故促使设计、建造和运行核电站的监管要求逐步升级，而成本和复杂性也相应增加，尤其是现有核电站必须进行必要的改造。

这些共同的挑战都导致了令人失望的核复兴减速，而在 21 世纪初期，核复兴看起来很有希望。截至 2014 年 9 月，在向美国核管理委员会提交的 18 份新的联合许可申请中，有 8 份已被暂停或撤回。尽管美国正在建设 5 座新核电站，但已有 5 座反应堆被永久关闭或宣布将于 2014 年关闭。虽然其中 3 座是出于技术/政治原因，但有 2 座是由于其所在地区严重扭曲的能源市场而关闭，这不利于基本负荷工厂的发展。核复兴似乎注定要与欧洲文化复兴一样，经历近4个世纪的演变。

SMR是绝望中的希望还是游戏规则的改变？

1.5 小型反应堆的战略作用

正如第2章将要讨论的，小型商业反应堆已经存在几十年了。与功率输出超过1000MW_e的大型电厂相比，它们的一般特征是输出功率低于300MW_e。它们通常还会经过特殊设计，以便整个核蒸汽供应系统（反应堆机组）可以在工厂预制并运输到现场，在现场使用多个相同的机组进行安装和操作。尽管历史悠久，但直到最近，SMR才主导了行业言论。为什么？为什么是现在？

我会在第二部分"原理和特点"中更详细地解释"为什么"。简而言之，它们提供了许多好处，尤其是在安全性、可负担性和使用灵活性方面。"为什么是现在"的答案是几个因素的融合。首先也是最重要的，如果不是因为现有商业核电站的出色性能和安全记录，我们就不会讨论SMR。与20世纪70年代不同，当时美国核电站的总容量系数反弹至50%左右，而过去15年的平均水平一直在90%左右。尽管有些人可能会针对公众对核设施安全的看法展开辩论，但实际上，它们几乎在所有安全指标上都超过了其他所有行业。没有这种出色的性能记录，政客们就不会支持核能，公用事业公司的高管们也不会考虑最新一代的核电站设计。

其次，有关清理能源结构的更为严肃的言论，总体上已将更多的注意力放在了核能上，尤其是SMR，因为它们明显适合作为老化燃煤电厂的一对一替代，而这些燃煤电厂正计划在未来10~20年关闭。一个叠加因素是2008年爆发的国家和全球经济危机，它降低了投资者的风险承受能力。吉瓦级核电站极高的定价造成了融资噩梦，而SMR较小且可分配的负债资本成本大大缓解了此噩梦。

美国国内有利于SMR的一个因素是，该国基本上放弃了大型工厂业务。传统的供应商巨头包括现在由东芝所有的西屋电气公司和与日立合作的通用电气公司。对于所有大型核电站而言，反应堆和蒸汽发生器等主要部件只能在海外生产，而这些部件供应商仍在为当地核市场提供服务。美国国内设计SMR的一个国家目标是，这些部件也要在美国制造，最初使用现有的制造能力，最后在专门的工厂生产。这将有助于增强国内经济，保护核资源和专门知识，并使美国在国际市场上具有高度竞争力。

上面讨论的因素带来了近年来引起人们对 SMR 关注的最后一个原因：由于其较小的机组规模、扩大的安全裕度和灵活的工厂设计，SMR 很适合非传统能源市场。这些非传统市场包括目前由燃煤电厂甚至柴油燃烧器提供服务的需求较小的电力市场，以及以热能为主要产品的非电力市场。SMR 也非常适合热电联产市场，在该市场中，电气和热工艺生产可以与其他工业应用集成。

所有这些因素将在后面的章节中进行更详细的探讨。但首先，我将回顾并讲述 SMR 的简史，它从一开始就紧密地融入了广泛的核能历史中。第 2 章介绍大约从 1950 年到 2000 年的核能的前半个世纪，而第 3 章介绍从 2000 年到 2015 年的 SMR 活动。

参考文献

[1] Pasternak AD. *Global energy futures and human development: a framework for analysis*. Lawrence Livermore National Laboratory; October 2000. UCRL-ID-140773.

[2] *Human development report 2014*, United Nations Development Programme. Available at: http://hdr.undp.org/en/content/human-development-index-hdi.

[3] Electric power consumption (kWh per capita), The World Bank. Available at: http://data.worldbank.org/indicator/EG.USE.ELEC.KH.PC.

[4] Ouedraogo NS. Energy consumption and human development: evidence from a panel cointegration and error correction model. *Energy* December 2013;63:28-41.

[5] Anderson MT, Woosley Jr LH. Water availability for Western United States—key scientific challenges. US Geologic Survey. *Circular* 1261,2005.

[6] *The great Georgia-Tennessee border war of 2013 is upon us*. The Atlantic Wire; March 25, 2013. www.theatlanticwire.com/national/2013/georgia-tennessee-boarder/63508.

[7] Global Water Intelligence: Desalination.com, www.desalination.com/market/desal-markets, September 18,2013.

[8] *Energy demands on water resources: report to congress on the interdependence of energy and water*. US Department of Energy; December 2006.

[9] *International Energy Outlook 2013*, US Energy Information Administration; 2013.

[10] McFarlane H, et al. *American Nuclear Society Mission to India*. Idaho National Laboratory; March 2007. INL/MIS-07-12356.

[11] *Nuclear power in China*, World Nuclear Association. Available at: http://www.world-nuclear.org/info/Country-Profiles/Countries-A-F/China.

[12] Emerging nuclear countries, World Nuclear Association. Available at: http://www.world-nuclear.org/info/Country-Profiles/Others/Emerging-Nuclear-Energy-Countries/.

[13] Remarks by the President, Office of the White House. Available at: http://www.whitehouse.gov/the-press-office/2011/01/24/remarks-president-state-union-address.

[14] *Comparison of lifecycle greenhouse gas emissions of various electricity generation sources*, WNA Report.

Available at: http://www. world-nuclear. org/WNA/Publications/WNA-Reports/Lifecycle-GHG-Emissions-of-Electricity-Generation/.

[15] *Frequently asked questions: what is US electricity generation by energy source?* US Energy Information Administration; April 2015. www. eia. gov/tools/faqs.

[16] Tucker W. *Terrestrial energy.* Washington, DC: Bartleby Press; 2008.

[17] Cravens G. *Power to save the world: the truth about nuclear energy.* New York: Alfred A. Knopf; 2008.

[18] Weinberg AM, Spiewak I, Barkenbus JN, Livingston RS, Phung DI. *The second nuclear era.* Praeger Publishers; 1985.

[19] *Federal leadership in environmental, energy, and economic performance.* Office of the White House; October 2009. Executive Order 31514.

[20] Net generation by energy source, Energy Information Administration. Available at: www. eia. gov/electricity/annual/html/epa_01_02. html.

[21] *National CO_2 emission from fossil fuel burning.* Carbon Dioxide Information Analysis Center, Oak Ridge National Laboratory; May 2009.

[22] Annual electric generator report, form EIA-860, Energy Information Administration. Available at: www. eia. gov/electricity/data/eia860.

[23] *Inventory of US greenhouse gas emissions and sinks: 1990-2012.* US Environmental Protection Agency; April 2014. EPA 430-R-14-003.

[24] *Wind power surpasses hydro for the first time in the Northwest region*, OregonLive, Available at: http://www. oregonlive. com/environment/index. ssf/2012/10/wind_power_surpasses_hydro_ for. html.

[25] *Advanced application of water-cooled nuclear power plants.* International Atomic Energy Agency; July 2007. TECDOC-1584.

[26] *Direct federal financial interventions and subsidies in energy in fiscal year 2013.* US Energy Information Administration; March 2015. www. eia. gov.

[27] Gore A. "*Vice president Al Gore's perspective on global warming,*" hearing before the committee on environment and public works, 110th congress. March 21, 2007.

第 2 章
小型反应堆简史（1950—2000 年）

我在高中时从不喜欢或欣赏历史课。我一直对历史不感兴趣，直到几年前，我无意中听到一些年轻同事在讨论一个历史事件，我清楚地回忆起那是我亲身经历的一件事。那时，我意识到自己曾经是并将继续成为历史的一部分。历史突然变得有趣起来。

关于核能的历史有很多报道。关于这一主题的整书已经出现，因为许多行业先锋现在都退休了，并把自己的空闲时间花在回忆这个行业早期的许多杰出成就上。我不会试图在这里重复那些有趣的故事，但是可能会在这个行业的过去中找到关于 SMR 未来可能的线索。尽管这节历史课的重点是小型电力系统，主要关注美国的经验，但我不得不从大型反应堆的历史中总结出一些有价值的东西。无论大型或小型反应堆，它们的历史有着千丝万缕的联系。在许多方面，SMR 的发展是由传统大型核电站的成功和失败所推动的。

2.1 军事推进和动力

美国的商业核能源于美国海军成功开发和部署了用于海上推进的小型反应堆系统，最初用于潜艇，后来用于水面舰艇。第一艘核动力潜艇是 1954 年下水的"鹦鹉螺"号核潜艇。6 年后，第一艘核动力航空母舰"企业"号下水。"鹦鹉螺"号运行了 26 年，并于 1980 年退役，而"企业"号的服役期长达 52 年，直到 2012 年退役。

1949 年，当海曼·里科弗（Hyman Rickover）上校（后来成了海军上将和无可争议的美国核动力海军之父）着手建造"鹦鹉螺"号时，他承包了两个平行的建设项目：一个是由西屋电气公司建造、由小型水冷反应堆提供动力的"鹦鹉螺"号；另一个是由通用电气公司建造的基于钠冷反应堆提供动力的"海狼"号。"鹦鹉螺"号已经建成，并比"海狼"号提前 3 年下水。"海狼"号遇到了一系列维护问题，其中最严重的问题是蒸汽过热器机组中的钠钢不相容。经过2年的运行，"海狼"号的钠冷反应堆被水冷反应堆所替代，后者是"鹦鹉螺"号的备用反应堆[1]。历史学家，特别是那些在西屋电气公司或通用电气公司工作过的人，对里科弗为什么选择轻水反应堆技术作为未来海军舰队的基础，有着不同的记忆。也许是阿尔文·温伯格（Alvin Weinberg）的巨大影响，他通常被认为是轻水反应堆之父，并曾帮助里科弗和他的员工进行核技术培训。也许是钠钢结构的不相容性困扰着"海狼"号。也可能是因为金属钠与水接触时容易发生非常剧烈的燃烧，这对于每次要在海水中浸泡几个月的机器来说，似乎不是一个合理的选择。无论出于何种原因，水冷反应堆已成为海军首选的推进装置，因此为商业核能工业的发展指明了数十年的发展方向——无论大小。

美国海军的核能项目一直非常成功，在性能和安全方面有着出色的记录。尽管这些SMR已被海军证明是成功的，但它们的设计仍需要进行重大修改才能适用于商业电力生产。除了被严格控制的信息，它们的设计细节、燃料形式和结构材料全部经过选择以满足特定的和苛刻的性能目标，这些目标与商业电厂的目标大不相同。但是，在新兴的商业SMR工业中，核动力海军庞大的设计、制造和操作经验并没有完全丢失。首先，许多在销售商、供应商和商业核电站中任职的工程师和管理人员最初在核动力海军中崭露头角。其次，当前许多的SMR销售商直接利用海军制造商和零件供应商成熟和高度精练的专业知识。电船（Electric Boat）、纽波特纽斯（Newport News）、巴威（Babcock & Wilcox）以及罗尔斯·罗伊斯（Rolls Royce，支持英国皇家海军）是其中一些从事商业SMR开发的两用制造商。最后，在其他国家，尤其是俄罗斯联邦，目前正在开发的一些SMR设计直接由其船舶推进系统的设计演变而来。

在海军成功利用核能的推动下，美国空军和陆军也开始了核能计划。尽管空军和陆军的计划远不如海军计划的持久性，但却推动了与商业核动力（尤其是SMR）有关的大量的学习和技术发展。他们考虑核能的许多动机与当今追求商业SMR的动机非常相似。

从1946年开始，空军探索使用小型核反应堆为远程轰炸机提供动力，这是飞机核能推进（ANP）项目的一部分[2]。美国正处于与苏联冷战的剧痛之中，拥有一架能够在空中长时间飞行、无须加油即可到达敌方领土的轰炸机，是非常有吸引力的。在该项目进行过程中，总共建造了6个小型反应堆，涉及几个国家实验室和行业合作伙伴。具体而言，在田纳西州的橡树岭国家实验室（ORNL）建造了两个研究用反应堆和一个实验反应堆，在爱达荷州的国家反应堆实验站建造了3个高温原型反应堆。我对其中一个研究用反应堆——ORNL塔式屏蔽反应堆——有一种眷恋之情。在我ORNL职业生涯的初期，我承担了塔式屏蔽设施(TSF)的操作和实验,并有幸与才华横溢的工程师和实验员一起工作,如利奥·霍兰德(Leo Holland)和弗朗西斯("巴兹")·穆肯塔勒尔(Francis("Buzz")Muckenthaler)。尽管塔式屏蔽反应堆是为ANP计划中开发和确认乘员舱屏蔽而建造的,但反应堆独特的球形设计被证明对一系列的屏蔽层研究非常有价值,这些屏蔽层研究实际上支持了随后30年中进行的所有先进反应堆项目[3]。

在ANP项目即将结束时,一架Convair B-36H轰炸机被改装为包括一个3MW的运行反应堆,尽管该反应堆并未用于飞机推进。采用TSF测试和验证候选屏蔽层设计,开发了铅屏蔽和橡胶屏蔽的机舱,以保护机组人员免受反应堆辐射的影响。20世纪50年代末,在该项目取消之前,此原型飞机在得克萨斯州和新墨西哥州上空飞行了近50个飞行架次,累积飞行时间超过200h。

几年前,我有幸在田纳西州橡树岭的扶轮社小组就SMR的历史进行了演讲。你可能会猜到,橡树岭是ORNL的所在地,ORNL是在ANP项目中扮演重要角色的实验室。演讲结束后,一位曾参与ANP项目的白发绅士找到我,并向我详细介绍了演讲中包含的一张照片:NB-36H轰炸机及其随行护航飞机的航拍照片[4],如图2.1所示。这位语气温和的工程师向我解释说,护航飞机在飞行测试期间始终存在,并载有数名海军伞兵。如果轰炸机上的反应堆出现故障,则标准程序是将反应堆从炸弹舱门扔下去。同时,海军陆战队员将空降到坠落现场,并确保反应堆剩余部分的安全,直到地面支援到达。事后看来,这个程序可能不是一个好主意。幸运的是,这种情况从未出现。

图2.1 机上装有反应堆的NB-36H轰炸机的航拍照片[4]

令人惊讶的是,在投资超过10亿美元(以20世纪60年代的美元计算)之后,在1961年终止ANP项目的并不是此项应用令人怀疑的优点[5]。相反,该项目的取消有多种原因,包括传统飞机推进技术的重大进步,洲际弹道导弹的出现以及肯尼迪总统将资金转用于使苏联人竞争登月的兴趣。《科学美国人》(Scientific American)中的一篇文章建议[6]:也许是时候通过复活核动力飞机来保证天空清洁了。的确,每天往返于美国的成千上万架商业航班对碳排放总量的贡献可以计量。作为这些飞机上的常客,我希望从东海岸飞到西海岸能再快几分钟。但是,我提供的建议与我第1章对风能和太阳能资源提出的建议相同。我们应该只在有意义的地方使用核能。核动力航空旅行则不然。

美国陆军核电计划在1954—1976年间进行,最终建造了8个反应堆。根据劳伦斯·苏伊德(Lawrence Suid)所述,他曾受军方委托编写此项目的历史[7],这些反应堆包括5个1~2MW$_e$压水反应堆(PWR),它们是直接从瑞克弗的潜艇上改装而来的,一个1MW$_e$沸水反应堆(BWR),一个10MW$_e$船用压水堆和一个0.5MW$_e$气冷反应堆(GCR)。表2.1中列出了这8个反应堆。陆军的项目最终被终止,这是由于相比于廉价的替代燃料,核电站的经济效益不佳,以及国家重点发生转移。但是,就像海军和空军的核能项目一样,它在核能方面做出了许多创新。

表2.1 美国陆军核电计划建造的反应堆[7]

反应堆	功率/MW$_e$	类型	地点	启动	关闭
SM-1	2	压水反应堆	弗吉尼亚州贝尔沃堡	1957年	1973年
SM-1A	2	压水反应堆	阿拉斯加州格里利堡	1962年	1972年
PM-1	1	压水反应堆	怀俄明州圣丹斯	1962年	1968年
PM-2A	1	压水反应堆	格陵兰岛世纪营	1960年	1962年
PM-3A	1.5	压水反应堆	南极洲麦克默多站	1962年	1972年
SL-1	1	沸水反应堆	爱达荷州阿尔科	1958年	1960年
MH-1	10	压水反应堆	巴拿马运河(斯特吉斯)	1967年	1976年
ML-1	0.5	气冷反应堆	爱达荷州阿尔科	1961年	1966年

陆军核电计划部分是受核能热潮的推动,这股热潮为海军和空军提供了巨额预算。虽然有许多关于各军种在共同扩大核能应用时进行合作的事例,但也有明显的军种间竞争的例子。苏伊德在叙述陆军项目时分享了许多有趣的轶事,其中之一是关于在浮动驳船上运行的浮动核电站"斯特吉

斯"(Sturgis)。"斯特吉斯"号不是从零开始建造的,而是对查尔斯·H. 库格尔(Charles H. Cugle)自由轮进行了大修,该船装有可操作的柴油推进装置。陆军决定拆除柴油机,并将其改装为驳船,以免里科弗将军将其划归为自己的核动力海军的可能。

陆军理所当然地认为核能是向偏远设施提供电力的机会,因为传统燃料的补充既困难又昂贵。核能只需一次燃料的补充即可为这些设施提供多年可靠的电力。记住上述观点,在以后的章节中,当我回顾选择 SMR 的一些原因时,您将有一种强烈的似曾相识的感觉。然而,正如经常发生的那样,陆军并没有停止这种明智的核能应用,而是进行了多次研究,研究如何使用小型反应堆为火车、大型陆路运输车,甚至是核动力坦克提供动力。我想起了我经常向十几岁的女儿们提出的一些父亲般的忠告:"仅仅因为你能做某事并不意味着你应该去做。"一想到核动力坦克,我就感到不寒而栗,这基本上是一个移动的战场目标。幸运的是,陆军运输部队也有类似的反应,没有进一步进行。

陆军成功地演示了在非常恶劣的环境中小型反应堆的建造和运行。当他们准备将反应堆部署到南极洲时,他们已经吸取了重要的经验:将电站设计为模块化的,并最大程度减少现场施工的数量,以降低成本并缩短部署时间。这一经验并没有因美国陆军核电计划的终止而消失——这是当今正在开发的许多 SMR 设计的一个主要特征。该计划还实现了许多项核领域"第一",如第一次使用不锈钢作为燃料包壳,第一次对反应堆容器进行就地退火,第一台可陆地运输的核反应堆以及第一次使用核能淡化海水。

2.2 核能商业化

商船推进是海军应用核能之后合理的继承者。艾森豪威尔(Eisenhower)总统在 1955 年著名的"原子和平"演讲中提议建造核动力商船"萨凡纳"号(NS Savannah)。"萨凡纳"号于 1962 年投入使用,由 69MW_{th}[①]的压水堆提供动力,它是最早和平利用核能的示范。它时尚的外观使其看起来更像是一艘游轮,而不是商船。在 1971 年退役之前,这艘展示船访问了 70 多个国内外港口。另外,还建造了 3 艘核动力商用船:德国制造的"奥托·哈恩"号(Otto Hahn),俄罗斯制造的"Sevmorput"号和日本制造的"陆奥"号(Mutsu)。

为"奥托·哈恩"号提供动力的 38MW_{th} 反应堆尤其引人关注,因为它是首

---

① MW_{th} 中的下角 th 表示热功率。

个商业部署的使用一体式压水堆的实例。一体化结构中,所有主要的系统组件都包含在一个容器内,由于系统的简单性和增强的安全性,许多新旧 SMR 设计都使用了这种一体化结构。第二部分将详细讨论这种设计方案的特点和优势。

俄罗斯建造的小型核动力破冰船属于海上推进的特殊类别,既不用于军事任务,也不用于商业用途。这些额定功率为 $100\sim200MW_{th}$ 的小型反应堆极大地延长了北冰洋的通航季节。它们也是俄罗斯进入 SMR 市场的基础。

早期用于商业发电的内陆反应堆在 20 世纪 50 年代末和 60 年代初投入使用,基本上是海军压水堆核电站的放大版本。$60MW_e$ 的希平港(Shippingport)核电站于 1957 年开始运行,$200MW_e$ 的 Dreseden 核电站于 1960 年开始运行,而 $250MW_e$ 的印第安角(Indian Point)核电站 1 号机组则于 1962 年开始运行。$5MW_e$ 的 Vallicetos 核电站于 1957 年开始运行,归通用电气公司所有,是沸水反应堆的示范堆。尽管用今天的术语来说,所有这些核电站都是"小"核电站,但它们的设计初衷是可扩展到非常大的规模,并为新兴的商业核电行业提供核电站建设和运营方面的经验。

在美国快速增长的电力需求、对核电站安全的高度信心(主要基于海军的经验)以及"规模经济"的经济原则的推动下,公用事业公司竞相订购越来越大的核电站。美国最大的核电站发电功率最终超过了 $1300MW_e$,是第一批示范堆的 10 倍以上。图 2.2 显示了美国建造的商业核电站的发电能力变化情况[8]。值得注意的是,1970 年之前投入使用的大多数核电站的容量都低于 $300MW_e$,而 1970 年以后建造的所有核电站的容量都大于 $500MW_e$。美国建造的最大容量的核电站是 $1335MW_e$ 的"帕洛维德"2 号(Palo Verde 2)机组,最后一个投入运行的核电站是 $1121MW_e$ 的"沃茨巴"1 号(Watts Bar 1)机组。增长趋势中的一个异常之处是 1976 年启动的示范性气冷反应堆,即圣符伦堡(Fort St. Vrain)。尽管美国之后未再建造气冷反应堆,但这种技术仍在被不断探索。国际上,中国正在建造小型模块化气冷反应堆。

受第二次世界大战战后制造业蓬勃发展的推动,再加上核能"便宜到无法计量"的承诺,新兴的核工业在 20 世纪 60 年代以惊人的速度发展。到 1970 年,美国有 4 家主要的核电站供应商:西屋电气公司、通用电气公司、巴威公司和燃烧工程公司(Combustion Engineering)。核电站订单的竞争非常激烈,促使供应商提供固定价格的"交钥匙"投标。到 1967 年底,美国公用事业公司已订购 75 座新核电站,其中 60 座是在 1966 年或 1967 年订购的。这些电站的总发电量超过 $45000MW_e$[9]。

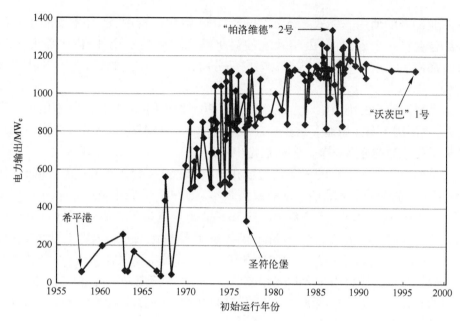

图 2.2　美国建造的商业核电站初始运行日期及其电力输出[8]

1973 年,石油输出国组织的石油禁运进一步加剧了核能热潮。原油价格上涨了一倍多,并且国内的煤炭价格也在两年内上涨了一倍,原因是人们将煤炭作为稀缺石油替代品的需求很高。这场化石燃料能源危机似乎甚至使核能怀疑论者相信,核能最终将主导能源市场。1973 年的能源危机,再加上大型核电站明显但尚未被证明的成功,使得在 1974—1977 年期间开展了几项关于将核能用于供热而非发电的研究。当时的工业应用约占美国能源总消耗的 40%,完全由化石燃料(51%的天然气、27%的石油和 22%的煤炭)提供能源,与当今的能源统计数据类似。由 ORNL 进行的初步研究可得出结论,应使用煤代替高价的石油和天然气,并且核能是工业应用的可行能源[10]。该研究还得出结论,较小的核能机组更适合工业工厂的能源需求。NuScale Power 公司对加热工艺应用进行的多项研究得出了相同的结论[11]。

ORNL 的研究促成了由美国能源部的前身——美国能源研究与开发署(ERDA)资助的几项后续研究,以探索更小型反应堆的概念。这些小型反应堆的设计在后来的 ORNL 报告中进行了总结[12],包括以下内容:

(1) 小型(300~400MW$_{th}$)工业能源压水堆,源自巴威公司一体化核蒸汽发生器(CNSG)反应堆,该反应堆是为"奥托·哈恩"号商船提供动力的机组的基础。

(2) 由通用电气公司在其早期原型堆基础上开发的 300~400MW$_e$ 小型沸水

反应堆概念。

（3）基于德国40MW$_{th}$的AVR试验反应堆，也由通用电气公司开发的200~1000MW$_{th}$气冷球床反应堆概念。

（4）850MW$_{th}$气冷反应堆，源自更大型的通用原子能(General Atomics)公司圣符伦堡的设计。

ORNL和巴威公司的其他研究中评估了用于工序能耗的91MW$_e$（365MW$_{th}$）CNSG陆基版本(PE-CNSG)[13]。应ERDA的要求，巴威公司还开发了一个更大的版本，400MW$_e$（1200MW$_{th}$）一体化核蒸汽供应(CNSS)反应堆。CNSG和CNSS的设计均采用了与"奥托·哈恩"号推进机组相似的一体式压水堆结构。第一家PE-CNSG电厂原计划在得克萨斯州进行硫黄开采，但该项目的工期很短，因为在20世纪70年代中期乌云开始迅速笼罩在核工业上空。在1979年，由于反核组织的不断壮大，巴威公司管理层决定不再继续发展CNSG和CNSS的设计。

2.3　公众的愤怒

尽管1973年核能似乎注定要主导能源市场，但当时的形势已经发挥了作用，在接下来的几年内将完全扭转这一趋势。许多人认为是1979年三哩岛(TMI)核电站发生的事故阻止了美国核能的发展，但实际上，许多因素导致了核工业发展的急剧逆转。在三哩岛事故发生的前一年，巴甫(Bupp)和德里安(Derian)出版了一本书，名为《轻水：核梦是如何破灭的》（*Light Water: How the Nuclear Dream Dissolved*）[14]，他们在书中指出，美国商业核工业消亡的根源始于其初期。

导致该行业消亡的一个重要因素是在短短几年内迅速扩张的核电站规模。这种扩张很多发生在1960—1970年这一相对较短的10年间，那时只对较小的原型机掌握了极少的操作经验。在图2.2中，我展示了这段时间内上线的新核电站产能。图2.3展示了一组非常有启发性的相关数据，它比较了已订购核电站的规模和实际运行的核电站规模。新电站的设计、工程、许可和建设方面在时间上10年的滞后造成了以下情况：公用事业公司订购（供应商当时正在出售）的核电站规模是当时运营经验的6倍。与之相比，更传统的经验法则建议对复杂的工程系统进行2倍放大。核工业采用的更为激进的方法需要极大信心上的飞跃，然而，这并不顺利。

随着核电站规模扩大以及运营问题开始削弱行业对电站最终安全的信心，更严格的安全和环境要求被强加于核电站，最初轻水反应堆的优雅简洁让位于冗余复杂的安全和辅助系统。核电站的这种复杂性升级导致成本迅速增加、许可证发放、建设和运营的延迟,并最终降低了所有者和贷款方对核电站盈利能力的信心。将每个新核电站设计为"独一无二的"以满足客户个性化需求的一般方法也增加了许可、建设和运营的复杂性。结果是,在 20 年的核电站设计和建造经验之后,核电站的价格持续上涨,并且仍然存在很大的不确定性。

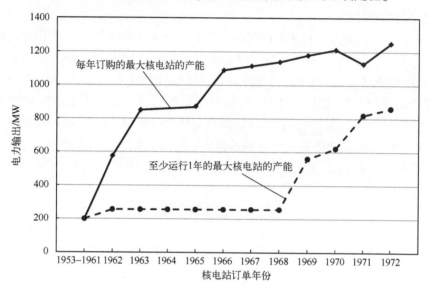

图 2.3 给定年度内订购的最大核电站的产能与至少运行 1 年的最大核电站的产能对比结果[8,14]

这些众多挑战为核能反对者提供了充足的素材,他们能够对商业核能的可行性提出质疑。到 20 世纪 70 年代末,政客公开支持核能已变得不明智。1979 年 3 月 28 日,宾夕法尼亚州的三哩岛核电站发生了一起重大事故。这是美国核电站发生的最严重的事故,造成反应堆堆芯的部分熔毁[15]。尽管按照工业事故的正常标准,三哩岛事故是相对良性的,但它却标志着曾经繁荣的核工业的终结。雪上加霜的是,1973 年的石油禁运,虽然表面上似乎加强了对核能的支持,但在随后的几年中,由于电费上涨而导致普通民众的能源消耗降低。结果是发电能力严重过剩,产能裕量从 1970 年的 15% 增长到 1980 年的近 30%,翻了一倍。因此,即使核电站运行良好,也根本不需要它们。最后,20 世纪 70 年代中后期的高利率造成了财政障碍,导致许多拟建的核电站和煤电厂被取消。

除了轻水反应堆的兴衰,另一种类型的反应堆也出现了类似的发展:快光谱反应堆。20 世纪 60 年代至 70 年代初,核能的快速增长让人们担心,我们不久就会耗尽铀的供应。这推动了快光谱反应堆设计的发展,它产生燃料的速度高于消耗速度。随后制订了一项重要计划,以开发和演示液态金属冷却快中子增殖反应堆。400MW$_e$快通量试验设施于1980年开始运行,在1984年该项目终止之前,375MW$_e$的克林奇河增殖反应堆示范堆的建造已经完成了80%,这主要是由于对核武器扩散的政治担忧。在取消克林奇河增殖反应堆之前,人们普遍认为,大型(>1000MW$_e$)金属冷却快中子反应堆将最终取代现有的大型水冷反应堆。

2.4 重新定向核工业

1982年,在核工业"岌岌可危"的情况下,电力研究所(EPRI)对11家经营商业核电站的公用事业公司的管理、运营和维护人员进行了调查,并对现有核电站的安全性和可操作性收集了一些有趣的发现[16]。在他们的研究中与SMR特别相关的发现有:①三哩岛事故后逐步改进的轻水反应堆对公众的风险很小,但对投资者的风险很高;②人们认为1200~1300MW$_e$核电站太庞大且复杂;③核电站对瞬变的响应太快;④核电站需要减弱对二回路中事件的敏感性。大多数当时的SMR设计都试图通过各种深思熟虑的设计选择来避免这些不良的特性,这将在第5章中进行讨论。

受到电力研究所调查中部分结论的刺激,能源分析研究所的阿尔文·温伯格(Alvin Weinberg)及其同事进行了一项研究,关于设计一个在所有设想的运行环境下本质安全的反应堆的可行性[17]。从曼哈顿计划开始,温伯格是早期核电发展的先驱。他在1955—1973年担任ORNL的主任,在此期间对核能进行了广泛的探索,包括反应堆设计——从传统的轻水反应堆到使用熔融盐和循环流体燃料的特殊设计。尽管温伯格拥有压水堆的原始专利,但他对灵活性更强的设计和技术产生了兴趣。虽然在研究所的研究中没有能够满足所有安全标准的可用的设计,但是瑞典设计的400MW$_e$过程固有最终安全(PIUS)概念似乎可以最好地实现目标,其次是美国设计的100MW$_e$模块式高温气冷反应堆(MHTGR)。温伯格的结论是,设计出足够包容的核电站是可能的,但他对其经济可行性颇为担忧。温伯格以他特有的干脆利落的方式陈述了以下内容:"除非一种安全性高的反应堆的价格是负担得起的,否则没人会购买。"我们今天还要面对这一现实,这是第6章的主题。

PIUS反应堆采用独特的设计,通过创新地布置反应堆内部结构,使主反应堆热冷却剂在较大的含硼冷却水池中循环,从而实现了极端的安全裕量[18]。在正常运行期间,静态的冷/热水界面使两个池保持分离。在事故情况下,会出现水力不平衡,冷却的含硼水会进入主冷却剂系统,仅使用自然力关闭反应堆并带走衰变热,而无须操作者采取措施。PIUS的另一个重要安全特性是非常厚的预应力混凝土反应堆压力容器,其中装有主系统和硼酸池。尽管 PIUS 比现代 SMR(通常容量低于 300MW$_e$)更大,但其设计中确保反应堆长期冷却的创新方法影响了后续 SMR 的设计。

MHTGR 在 1200MW$_e$ 设计的基础上进行了缩小,专门使其设计能够达到"固有"安全以应对严重事故的发生[18]。此性能通过结合非常坚固的燃料形式和反应堆堆芯的几何布局来实现,能够确保足够的传导性热量排出。该燃料由涂有多层碳和碳化硅的微小铀核制成,可在极高的温度下保持燃料的完整性。通过在环形区域内配置燃料/慢化剂块,即使主冷却剂丧失,堆芯中剩余的衰变热也能有效地传导至反应堆容器,并最终传导至地面。

EPRI 的研究还刺激了先进轻水反应堆项目。在项目的早期,公用事业公司和供应商合作为新电厂制定了一套全面的标准设计要求,期望避免现有核电站的特征。这些用户需求旨在开发能够提高设计裕量和灵活性的标准化大型(标称值为 1200MW$_e$)核电站。这导致了两个革命性的设计:通用电气公司的先进沸水反应堆(ABWR)和燃烧工程公司的系统 80+。这两种设计最终都获得了美国核管理委员会(NRC)的设计认证,尽管它们并没有在美国订购或建造。但是,ABWR 最终被日本采用,而系统 80+被韩国采用。

先进轻水反应堆项目还推动了两个较小的核电站设计的发展,这些设计结合了"非能动"安全特性,即依靠基本物理定律(重力、自然循环和储能)进行操作而不是工程系统运行的特性。其中包括 600MW$_e$ 的压水反应堆和 600MW$_e$ 的沸水反应堆。西屋电气公司主导开发小型压水反应堆,被命名为先进非能动反应堆(AP-600),而通用电气公司主导开发小型沸水反应堆,被命名为简化型沸水反应堆(SBWR)。除了使用非能动安全功能外,对这两种设计都进行了设计简化,可通过减少散装材料(混凝土和钢材)和组件(阀门、泵和管道)的数量来降低电厂成本。

随后 AP-600 升级为 AP-1000,容量为 1140MW$_e$。SBWR 后来也被升级至 1500MW$_e$ 的经济简化型沸水反应堆(ESBWR),使其成为市场上最大的反应堆之一。AP-1000 和 ESBWR 最终都获得了 NRC 认证,尽管迄今为止仅订购了 AP-1000。有趣的是,AP-1000 是美国市场上最小的核电站,也是拥有最多潜在客户的设计。截至 2014 年 9 月,向 NRC 提交的联合运营许可证申请中,有一半是 AP-1000 反应堆的,另一半分布在其他 3 种反应堆设计中[19]。我想说的是,与 ESBWR 相比,AP-1000 相对较小的容量使其成为一个受欢迎的选择,但也有可能是它在 2005 年获得了 NRC 认证,而 ESBWR 的设计直到 2014 年才获得认证。

与先进轻水反应堆项目并行,政府启动了先进液态金属反应堆项目,该项目涉及工业界和实验室的合作,以开发新的快中子增殖反应堆设计,从而更多地使用非能动或固有安全系统。结果是两个较小的钠冷反应堆之间的设计决赛:通用电气公司的固有安全反应堆(PRISM)和罗克韦尔(Rockwell)的钠先进快速反应堆。PRISM 的设计最终被选中用于进一步的开发,其独特的操作理念是使用 9 个小型(160MW$_e$)电源模块组成一个 1400MW$_e$ 的核电站——相当于市场上最大的轻水反应堆机组。正如后面将要描述的那样,非能动安全功能的广泛使用和用于 PRISM 中的多模块电厂模型已经被应用到正在开发的几种 SMR 设计中。

个人说明:我对 SMR 的热情可以追溯到 PRISM。在先进液态金属反应堆项目期间,ORNL 与通用电气公司合作,为 PRISM 容器内的屏蔽设计提供分析支持。我被分配到此项目,并立即被模块化核系统的概念所吸引。以前仅分析过大型核电站的设计,PRISM SMR 的简单性和灵活性是对传统思维的一种令人耳目一新且不可抗拒的背离。

2.5 早期国际小型模块化反应堆活动

20 世纪 80 年代,美国的核电项目开始逐渐减少,并开始通过先进反应堆项目进行自我改进。与此同时,世界其他国家继续拥护核能,同时对美国发生的事情感到担忧。大多数经济成熟的国家已经在商业核能方面有了良好的开端,而具有新兴经济体的国家正在积极地追求这一目标。海斯林·古德曼(Heisling Goodman)于 1981 年发表了一篇论文,详细介绍了这些新兴国家的条件和电力需求,并得出结论,小型反应堆是明智的解决方案[20]。装机容量是一个主要考虑因素,因为在其研究中评估的 65 个发展中国家中,有 41 个国家的电网总容量低于 1GW$_e$。这些国家面临的困境是,已建立的反应堆供应商模式集中于向大型电力市场出售大型核电站。随着巴威公司一体化核蒸汽发生器(CNSG)和一体化核蒸汽供应(CNSS)设计的搁置,推广适用于发展中国家的小型设计的主要供应商包括英国的罗尔斯·罗伊斯(Rolls Royce),法国的阿尔斯通-大西洋(Alsthom-Atlantique)和西德的英特纳通(Interatom)。这些供应商都开发了标称为 125MW$_e$ 的小型工厂装配式核电站。此外,苏联还集中精力开发了一个更为传统的 440MW$_e$ 的商业发电厂。当时苏联 440MW$_e$ 的核电站有几座最终建成,现在主要位于东欧国家。这些小型的预制核电站都没有接到订单,部分原因是这些未经验证的新系统的成本存在很大的不确定性。

国际原子能机构(IAEA)成立于 1957 年,旨在促进在世界范围内,特别是在发展中国家部署民用核能。我发现他们支持小型核电站的第一个证据是 1960 年 9 月在奥地利维也纳国际原子能机构总部举行的一次会议[21]。该会议包括来自 40 个国家的 250 多名与会者,重点关注小型和中型反应堆,因为它们更适合欠发达国家。此次会议显示了供需双方的浓厚兴趣,但是,很少有小型反应堆的概念被实现。

20多年后,国际原子能机构于1983年发起了中小型反应堆项目启动研究,再次调查小型核电站的可用性以及发展中国家部署这些核电站的兴趣程度[22]。这项研究涉及的多次调查面向的是反应堆供应商及有兴趣启动核能计划的新兴国家。有趣的是,自1960年研究以来的20年间,全球核格局发生了巨大变化。早期研究时,反应堆供应商拥有足够数量的大型核电站的订单,并且对开发小型机组并没有兴趣,因为小型机组被认为是次要的且不确定的出口市场。然而,到了1983年,这些供应商的国内市场显得十分不确定,他们开始认真考虑新兴国家的出口市场。国际原子能机构在其1983年研究结束时举行了一次技术会议,提出了23种中小型反应堆的设计,代表9个不同国家的17个不同供应商。表2.2总结了1983年国际原子能机构研究中包括的反应堆设计。

表2.2 1983年IAEA项目启动研究中所包括的中小型动力反应堆概念摘要[22]

国家	供应商	概念	类型
加拿大	加拿大原子能有限公司	CANDU 300	重水反应堆(PHWR)
法国	法马通公司/原子技术公司	NP 300	压水反应堆(PWR)
联邦德国	KWU 公司	PHWR 300	重水反应堆(PHWR)
	BBC/HRB 公司	HTR 100/300/500	高温气冷反应堆(HTGR)
意大利	Ansaldo/Nira 公司	PWR 272	压水反应堆(PWR)
	Ansaldo/Nira 公司	CIRENE 300	重水慢化轻水冷却反应堆(HWLWR)
日本	日立公司	BWR 500	沸水反应堆(BWR)
	东芝公司	BWR 200/300/500	沸水反应堆(BWR)
	三菱公司	PWR 300	压水反应堆(PWR)
瑞典	原子通用公司	PIUS 500	压水反应堆(PWR)
英国	罗尔斯·罗伊斯	PWR 300	压水反应堆(PWR)
	通用电气公司(GEC)	Magnox	气冷反应堆(GCR)
	核工业集团公司	Magnox 300	气冷反应堆(GCR)
美国	通用电气公司	小型 BWR	沸水反应堆(BWR)
	巴威公司	CNSS	压水反应堆(PWR)
	巴威公司	CNSG	压水反应堆(PWR)
	通用电气公司	HTGR	高温气冷反应堆(HTGR)
	通用电气公司	MRP	液态金属反应堆(LMR)
苏联	原子能出口公司	VVER 440	压水反应堆(PWR)

国际原子能机构研究中审查的小型设计的统一特征如下：①强调缩短和更可预测的施工进度；②利用成熟的系统和组件来增强对新设计的信心；③较高的工厂预制程度；④认可发展中国家的各种选址考虑。这些特质仍然是当今大多数SMR开发的基石。从买方的角度来看，经济竞争力很重要，但并不是唯一的决策因素。其他重要因素包括项目总成本、安全性、使用灵活性和基础设施要求（与第8章中讨论的现代考虑因素非常相似）。

针对1983—1985年IAEA关于中小型反应堆的研究，核能署（NEA）于1991年组建了一个专家组，以评估此类设计[23]。如前所述，国际原子能机构的建立是为了促进核能向新兴国家的扩展，因此主要关注发展中国家的需求和利益。相反，经济合作与发展组织（OECD）辖下的核能署主要侧重于那些已建立完善经济体系国家的利益。IAEA和NEA是相辅相成的，并且经常合作，但它们不同的任务和方向常常反映在其研究范围和结论基调中。这种差异在两家机构评估小型反应堆的方法上尤为明显。

首先注意到的是，NEA的研究是在IAEA研究完成6年后启动的。这反映出，在全球对小型反应堆的兴趣中，发达国家的反应更加保守。经济合作与发展组织国家中成熟的反应堆供应商靠出售大型核电站发了财，但他们迟迟不愿承认这一市场已大幅蒸发。其次，NEA将其研究工作的很大一部分用于分析与中小型反应堆相关的经济因素，并试图预测市场机会。相比之下，IAEA的研究则更多地侧重于小型反应堆概念与其成员国的能源和基础设施条件有关的技术特征。最后，NEA的研究结论谨慎地鼓励了小型反应堆的市场潜力，但前提是它们必须能够与大型核电站竞争。这完全忽略了一点，即SMR首先是针对那些无法负担或使用大型核电站的市场。这是一个反复出现的差异，在2000年后SMR复苏期间再次出现。NEA专家组对部署小型商业电力反应堆的动机和挑战进行了详尽的分析。他们阐明的一些主要益处如下：

（1）开拓更多能源市场的潜力；

（2）为二氧化碳减排做出了宝贵的贡献；

（3）更好地应对能源需求增速放缓；

（4）更适合小型电网；

（5）非常适合替换较老旧、较小的化石燃料工厂。

所有这些益处在今天仍然有效，这将在后面的章节中进行讨论。专家组确定了中小型反应堆部署所面临的若干挑战，包括它们首创的性质、概念的多样性、有利于大型核电站的规模经济，以及监管的不确定性。这些挑战今天仍然存在，并将在第9章中进行更详细的讨论。在NEA研究之时，其部署潜力面临的首要挑战是公众对核能普遍的负面态度。虽然如今的情况可能并不会那么戏剧性,但这是一个必须始终仔细考虑和管理的因素。

该研究回顾了17个旨在用于发电或热电联产的中小型反应堆概念以及7个仅用于热工艺的概念。这些概念及其开发商如图2.4所示。你会注意到,其中有些概念与IAEA研究中包括的概念相同,而有些概念则被放弃,并且出现了其他新设计。其中一些设计是从美国主导的先进轻水反应堆和先进液态金属反应堆项目发展而来的。

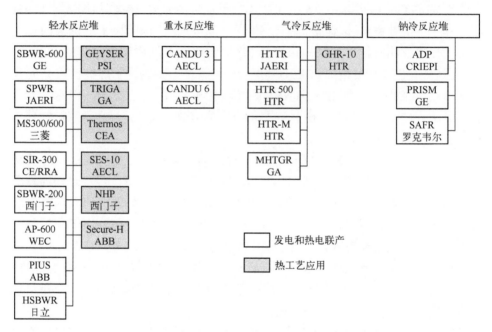

图2.4 在1991年NEA研究中综述的中小型反应堆概念[23]

这里需要澄清一点。尽管本书侧重于小型模块化反应堆,即功率容量标称低于300MW$_e$且主要在工厂预制的反应堆,但IAEA和NEA都倾向于将小型反应堆(<300MW$_e$)和中型反应堆(300~700MW$_e$)分为一组,而不考虑它们的设计或构造特征。遗憾且令人困惑的是,两个术语使用相同的缩写:SMR。在本书中,使用"SMR"仅表示"小型模块化反应堆",并在讨论IAEA和NEA的研究时完全避免使用首字母缩写。

我在前面对图2.4中所示的几种设计进行了评论,其中一些是从美国先进反应堆项目中发展而来的。在NEA研究时,有一种相对较新的设计值得特别注意,称为安全一体化反应堆(SIR)。通常,新的反应堆设计源自前驱设计,有时甚至是整个设计的延续。就SIR而言,它源自最小介入电厂(MAP)的概念,而后者又源于燃烧工程公司开发的非常早期的中央电站和海上反应堆设计[24]。

MAP 概念融合了大量的创新,包括具有自增压功能的一回路一体化布局,取消了主冷却剂泵,在堆芯中用固体可燃吸收剂替代主冷却剂中的可溶性硼,并取消了控制棒。在由特克(Turk)和马蒂厄(Matzie)描述了 150~300MW$_e$ MAP 概念的会议论文中,他们列出了其设计理念的关键要素:

……最大程度依赖现有的轻水堆技术,通过取消系统和组件来简化设计,使用被动机制来建立固有的安全性,并最大限度地利用小尺寸所带来的优势[24]。

他们接着列出了几个具体的设计目标,例如降低堆芯功率密度,显著提高每兆瓦功率的主冷却剂体积以及增加操作人员的响应时间。我强调这些功能是因为当前许多 SMR 设计人员都采用了完全相同的元素。因此,MAP 反应堆概念及其后继产品 SIR 的整体外观与现代设计惊人地相似,也就不足为奇了。

SIR 设计是由英国原子能机构、燃烧工程公司、罗尔斯·罗伊斯公司以及斯通-韦伯斯特公司联合开发的。他们首先用更传统的压水反应堆特性取代 MAP 的一些较激进的特性,包括标准控制棒、标准燃料元件和冷却剂泵的增加。但重要的是,他们保留了"最先进的安全方法"[25]。SIR 联盟通过初步设计使这一概念变得成熟,包括 3 个独立的用于消除衰变热的被动安全系统[26]。该设计被提议为美国先进轻水反应堆项目的候选。然而,美国能源部没有选择资助该设计,而是选择了西屋电气公司的 AP-600 设计和通用电气的 SBWR 设计。这使得 SIR 联盟缺乏资金来完成设计。然而,它的一些功能在 10 年后出现在西屋电气公司开发的 SMR 新设计中,西屋电气公司在 2000 年收购了燃烧工程公司的核业务。

从大量 SMR 相关的历史教训中可以明显看出,现在已不再将 SMR 作为一种时尚,至少不再是一次性的时尚。也许它们反而成为一种流行风潮,类似于"忍者神龟"或"呼啦圈",注定每 10 年左右会重新出现一次,但不会永远持续下去。在第 3 章中,我们将仔细研究 SMR 的最新历史,时间大约从 2000 年至今,以期评估它们目前流行的持久力。

参考文献

[1] Loewen EP. *The USS seawolf sodium-cooled reactor submarine*. Washington, DC: Address to the American Nuclear Society Local Section; May 17, 2012.

[2] Aircraft nuclear propulsion, GlobalSecurity. org. Available at: www. globalsecurity. org/wmd/systems/anp. html.

[3] Muckenthaler FJ. *The tower shielding facility—its glorious past*. Oak Ridge National Laboratory; 1993. ORNL-12339.

[4] United States Air Force, defenseimagery. mil photograph no. DF-SC-83-09332.

[5] *Report to congress: review of manned aircraft nuclear propulsion program*. Comptroller General of the United

States;1963.

[6] Frenkel KA. *Resuscitating the atomic airplane:flying on a wing and an isotope*. Scientific American; December 5, 2008.

[7] Suid LH. *The Army's nuclear power program:the evolution of a support agency*. Greenwood Press;1990.

[8] Energy Information Administration (www.eia.doe.gov) and Nuclear Energy Institute (www.nei.org), August 2008.

[9] Nuclear News. *Am Nucl Soc* January 1968;**11**(1):38.

[10] Anderson TD, et al. *An assessment of industrial energy options based on coal and nuclear systems*. Oak Ridge National Laboratory;July 1975. ORNL-4995.

[11] Ingersoll D, Houghton Z, Bromm R, Desportes C, McKellar M, Boardman R. Extending nuclear energy to non-electrical applications. In:*Proceedings of the 19th Pacific Basin nuclear conference*. Canada:Vancouver, B. C.;August 24-28, 2014.

[12] Spiewak I, Klepper OH, Fuller LC. *Technical and economic studies of small reactors for supply of electricity and steam*. Oak Ridge National Laboratory;February 1977. ORNL/ TM-5794.

[13] Klepper OH, Smith WR. Studies of a small PWR for onsite industrial power. In:*Proceedings of the American power conference 39th annual meeting*. Chicago, IL;April 1977.

[14] Bupp IC, Derian JC. *Light water:how the nuclear dream dissolved*. New York:Basic Books;1978.

[15] Kemeny J. *Report of the President's commission on the accident at three mile island*. Washington, DC:US Government Printing Office;1979.

[16] Martel L, Minnick L, Levey S. *Summary of discussions with utilities and resulting conclusions*. Electric Power Research Institute;1982. EPRI-RP-1585.

[17] Weinberg AM, Spiewak I, Barkenbus JN, Livingston RS, Phung DL. *The second nuclear era*. Praeger Publishers;1985.

[18] Forsberg CW, Reich WJ. *Worldwide advanced nuclear power reactors with passive and inherent safety:what, why, how and who*. Oak Ridge National Laboratory;September 1991. ORNL/TM-11907.

[19] US Nuclear Regulatory Commission. Available at:www.nrc.gov/reactors/new-reactors/col.html;September 2014.

[20] Heising-Goodman CD. Supply of appropriate nuclear technology for the developing world;small power reactors for electricity generation. *Appl Energy* 1981;**8**:19-49.

[21] *Proceedings from the conference on small and medium power reactors*. International Atomic Energy Agency; September 5-9, 1960.

[22] *Small and medium power reactors:project initiation study Phase 1*. International Atomic Energy Agency; 1985. IAEA-TECDOC-347.

[23] *Small and medium reactors:status and prospects*, vol. 1. Nuclear Energy Agency;1991.

[24] Turk RS, Matzie RA. The minimum attention plant:inherent safety through LWR simplification. In:*Proceedings of the winter meeting of the American Society of Mechanical Engineers*. Anaheim, CA;December 7-12, 1986.

[25] Dettmer R. *Safe integral reactor*. Institute of Electrical Engineers, IEE Review;November 1989.

[26] Matzie RA, Longo J, Bradbury RB,Tear KR, Hayns MR. Design of the safe integral reactor. *Nucl Eng Des* 1992;**136**:73-83.

第 3 章
现代化小型模块化反应堆的出现（2000—2015 年）

在第 2 章中，我回顾了 2000 年之前美国核能的起起落落，最终使核工业转向了更小、灵活性更强的反应堆设计。近 30 年来，由于没有新建的核电站，该行业，至少供应商和制造部门，已经萎缩。那些留下来的公司通过向现有的核电站提供燃料补给或维护服务才得以幸存。而且，核能研究与开发（R&D）团体已大量蒸发。在整个 20 世纪 90 年代，美国能源部（DOE）核能办公室的研发预算稳步减少，并在 1998 年降至零。尽管美国核工业前景暗淡，但一些因素已经在发挥作用以再次扭转其命运，至少为其提供了东山再起的机会。这些因素在世纪之交开始受到关注。正如"水涨船高"，人们对核能重燃的兴趣也重新激发了人们对小型模块化反应堆（SMR）的兴趣。因此，2000 年以后出现了许多新的 SMR 设计，其中一些仍在向市场发展。

3.1 核能复兴的先驱者

到 2000 年，美国显然正处于温伯格所说的"第二核时代"的早期阶段，或更普遍的说法是核复兴。与几年前相比，这种巨大的变化是由前 10 年中发生的若干情况引起的，其中包括：

（1）对电力的需求持续增长，发电能力的边际效益不断下降；

（2）关于能源供应对国家和能源安全影响的新认识；

（3）人们日益关注大规模燃烧化石燃料对环境的影响，尤其是对全球气候变化的影响；

（4）现有水冷反应堆出色的安全性和性能记录。

因此，在讨论真正的复兴之前，让我们先简短地回顾一下 20 世纪 90 年代的情况。

为了保持配电网的稳定并确保满足需求，政府要求公用事业公司保持过剩的发电能力,即容量裕度或备用裕度。裕度的大小视地区和季节而定,并根据预计需求确定目标。从全国平均水平来看,夏季需求始终高于冬季需求,因此夏季负荷是总容量和容量裕度最紧张的时期。图 3.1 显示了 1970—2000 年美国(不包括阿拉斯加和夏威夷)电能容量裕度和夏季负荷峰值[1]。从该图可以明显看出,20 世纪 70 年代核电站的大力扩建有助于创造显著的容量裕度——远高于名义上 15% 的目标水平。但是,到 1995 年,需求的稳定增长及没有新产能的增加,导致利润率严重下降。因此,很明显,必须建设新的发电能力,但建设什么呢?

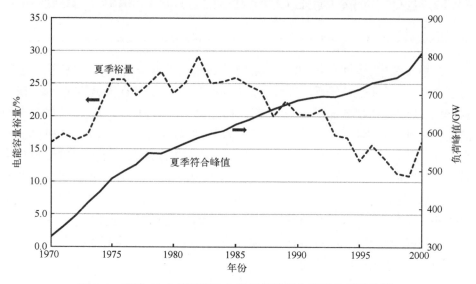

图 3.1　连续 48 个州的夏季电能容量裕度和夏季负荷峰值[1]

除了对增加发电能力的迫切需求外,人们对能源进口实际成本的认识日益提高。中东局势的动荡导致伊拉克在 1990 年入侵科威特,以及随后美国在该地区的一次大规模军事行动,突显出美国对进口石油的渴求所带来的弱点和义务。这为国内能源的开发和扩展带来了新的紧迫性。"能源安全"一词在与国家安全密切相关的时期变得流行起来。

可再生能源,特别是生物燃料和风能的新发电能力已经在上升,但仅依靠可再生能源并不能解决数千亿瓦特的电力需求。天然气的价格仍然很高且波动剧烈,导致一些公用事业公司由于经济状况不佳而放弃已安装的天然气发电厂。现代燃煤电厂的资本成本与核电站相当,并且在不断上升,此外,燃煤电厂碳排放可能受到经济惩罚的不确定性也在增加。正如第 1 章所讨论的,在此期间,有关全球气候变化的争论刚刚开始,由于潜在的碳排放限制,这使人们对建造更多的燃煤或天然气工厂的经济效益产生了怀疑。核能的大门是敞开的,但是鉴于核能行业在20世纪70年代和80年代的惨淡表现,核能是一个可靠的选择吗?

幸运的是,自20世纪70年代以来,核工业的记录显著提高。在不急于建造新核电站的情况下,该行业转向对现有核反应堆的操作进行有条不紊的改进。图3.2显示了1973—2008年以核电站平均容量系数衡量的核电站性能的进步[2]。如果将组成该机群的名义上的100个核反应堆考虑在内,在此期间容量系数从50%提高到90%相当于美国增加了20个吉瓦级核电站的发电量。同时,完善的监管和透明的全行业运营经验共享相结合,创造了完美的安全记录。考虑到对新发电能力的需求,以及对化石燃料选择的挑战或担忧,核能将迎来戏剧性的回归。简而言之,无论是大型反应堆还是小型反应堆,或者两者兼而有之,核工业已经做好了"挽救局面"的准备。

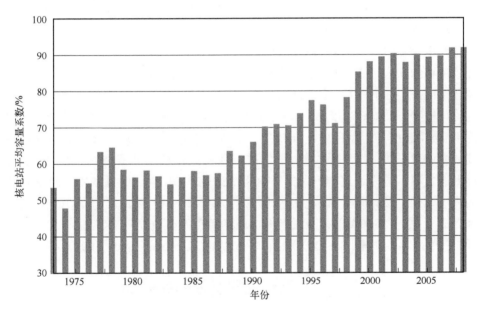

图3.2 美国核电站机组平均容量系数的改进[2]

3.2 重启核工业

跨入21世纪,美国对核能的兴趣日益浓厚,幸存的反应堆供应商迅速淘汰了其最新设计。西屋电气公司根据美国能源部的先进轻水反应堆项目开展了AP-600设计工作,他们选择将其扩大到功率为1140MW$_e$的AP-1000。尽管AP-600在1999年刚刚获得美国NRC的设计认证批准,但是也必须提交并审查新的设计认证申请。该申请于2002年提交给NRC,经过多次修改,最终于几年后被批准。另一个在先进轻水反应堆项目中被认证的中型设计是通用电气公司的 SBWR-600。通用电气公司选择将该设计升级到 1500MW$_e$ 的 ESBWR。ESBWR 于 2005 年提交给 NRC 进行设计认证审查,最终于 2014 年获得批准。许多外国反应堆供应商也通过寻求 NRC 设计认证进入了美国市场。其中包括东芝的 ABWR(1350MW$_e$)、阿海珐的 EPR(1650MW$_e$)和三菱的 USAPWR(1700MW$_e$)。美国核管理委员会最初主要负责监督现有的运行中的核反应堆,并审查电力需求的增长,他们突然发现其收件箱爆满。在 2006 年,他们成立了一个新部门,即新反应堆办公室,专注于设计认证的新申请。

为了帮助启动复兴核工业的进程,美国能源部于 2002 年启动了"核电 2010"(NP-2010)计划,目标是到 2010 年在美国建造一座新的核电站。该计划将全面实践 NRC 在过去 20 年中形成的新的执照框架协议。最初的 10CFR 第 50 部分中要求业主获得许可证来建造新核电站,然后在建造完成后再获得一个运营核电站的许可证。该过程的麻烦之处在于,两个许可证都需要进行公开听证。反核组织没过多久就发现,他们可以通过拖延运营许可程序而轻易地使潜在业主破产,从而剥夺业主从其新建(且昂贵)的电站获取收益的机会。新修订的许可框架,即 10 CFR 第 52 部分,允许业主在施工前仅进行一次公开听证的情况下,申请建造与运营许可证(COL)。新的框架进一步允许潜在的业主通过现场前期许可证(ESP)流程,在 COL 之前对现场进行单独的资格审查。NP-2010 计划的主要目的是通过与行业共同承担 ESP 和 COL 申请的成本来实施这一新的许可框架。该计划非常成功,为 NRC 带来了 20 多个新的 ESP、COL 申请,最终促成了 30 多年来美国第一批新核电站的订单及厂址,其中包括位于佐治亚州沃格特勒基地的 2 座 AP-1000 和南卡罗来纳州 VC Summer 基地的 2 座 AP-1000。

3.3　重启核技术研发团队

在小型核反应堆的世界中,一些传统供应商根据他们过去的经验开发 SMR 设计,这些设计出现在 20 世纪 80—90 年代。但许多新设计是从研究机构对核能的新视野演变而来的,随着美国能源部(DOE)的资金注入,核能也迅速发展起来。在 1998 年 DOE 用于核能研发的预算被联邦政府拒绝之后,DOE 于 1999 年成功获得了核能研究启动(NERI)计划的资金支持。NERI 计划不仅为研发团队注入了新的活力,而且与以前的联邦研发方法大相径庭。特别是原子能委员会时期的核研究主要是由华盛顿特区的委员会工作人员决定和指导的。相比之下,NERI 计划基本上是公开呼吁研发团队提出新的研究思路,这相当于在大学聚会上免费提供啤酒,最终 DOE 收到了大量的提案。征集活动还鼓励大学、国家实验室和产业界开展合作,以进一步激发研发团体的活力。这也相当成功。

3.3.1 核能研究倡议

在1999年NERI计划征集中,获得3年资金支持的联盟团体之一由西屋电气公司牵头,其中包括加利福尼亚大学伯克利分校和麻省理工学院。联盟还包括意大利米兰理工大学和日本原子能公司。他们提出了一个新的SMR概念,即国际革新与安全反应堆(IRIS)。IRIS概念的最初技术目标与NERI计划征集的目标一致,强调更安全、更小、更快、更便宜和更安全的设计[3]。IRIS的目标非常雄心勃勃,包括模块堆功率为50~200MW_e、15年堆芯生命周期、容量系数大于95%、无须维护、预计60年电厂寿命内无须进入压力容器内部,所有这些总电力成本交易价格不超过4美分/(kW·h)。

IRIS的设计基于成熟的水冷反应堆技术,并采用了一体化主回路布置,非常像第2章中讨论的早期CNSG、MAP和SIR设计。在为期3年的由美国能源部资助的研究项目结束之后,西屋电气公司的首席科学家马里奥·卡雷利(Mario Carelli)继续扩大国际团队,最终获得了来自美国、意大利、日本、巴西、英国、克罗地亚、立陶宛、西班牙、墨西哥和爱沙尼亚等10个国家不少于20个组织的支持。并非所有的设计目标都能在工程过程中实现,但是在项目过程中有一个目标始终不变,就是安全性[4]。

虽然美国NRC在2005年启动了IRIS的预许可讨论,但该活动在2年后被暂停,并最终在西屋电气公司2010年退出之际宣告终止。由米兰理工大学和东京理工大学为首的其他联盟成员在之后的几年中继续推进IRIS的设计。然而,由于没有一个被认可的核供应商将联盟中的大学、实验室和供应商组织起来,所有的商业化努力最终告停。

个人感言:在2000年田纳西大学学生座谈会上听到Carelli对IRIS项目的描述后,我建议橡树岭国家实验室(ORNL)加入IRIS联盟,他们在2001年就这样做了。作为ORNL的负责人,我协调了我们在反应堆物理、屏蔽、概率风险分析以及仪器和控制领域的贡献。参加IRIS是一次改变职业生涯的经历,它既巩固了我对SMR的热情,也极大地拓展了我对反应堆设计原理的知识。最重要的是,我了解到安全性是一种设计选择,也是所有设计决策的基准目标。Carelli将其正式化,称为"设计保障安全",这成了IRIS联盟的口头禅。此外,从它促进了广泛国际关系的角度来看,我参与IRIS项目是非常值得的。Carelli成功地组建了一支由研究人员和工程师组成的有才能的团队,他们跨越国界及文化差异无障碍地工作。我离开IRIS联盟已有好几年了,但我仍然认为许多IRIS同事是十分专业的亲密朋友。

最初的 IRIS 概念指的是一系列的 SMR 轻水反应堆类型，它被称为 STAR，代表安全、可运输和自调节反应堆。这类概念的目的是给发展中国家提供一个安全可靠的能源选择。一些其他的 STAR 概念也主要被国家实验室所采纳，资金来源于后来获得的 NERI 计划资助或当时的其他研发项目，如第四代反应堆计划。大多数 STAR 概念都使用了非常规技术，如采用铅或铅铋作为一回路冷却剂，以实现较长的堆芯寿命。由此产生了一些不同的 STAR 概念，包括 STAR-LM（LM 代表"液态金属"）、STAR-H2（用于生产氢）、SSTAR（代表"小型"STAR）和 SuperSTAR。设计根据具体的应用及概念带头人的专业意见而有所差异。IRIS 是在 STAR 概念中唯一一个从研究界进入商业环境的概念堆型，直到最终被中止。在液态金属冷却概念中，20MW_e SSTAR 概念堆在国家实验室中得到了最持久的支持开发[5]。

在 1999 年首次 NERI 计划征集中，第二个提出新型水堆 SMR 概念的团体也获得了 NERI 计划的资助。这个团队包括来自爱达荷州工程与环境实验室、俄勒冈州立大学和柏克德（Bechtel）子公司 Nexant 的研究人员。该团队试图开发多用途小型轻水反应堆（MASLWR）概念，其首要目标是最大限度地利用非能动安全技术以简化设计、少于 2 年的施工进度、最大化利用商业制造、不限于铁路或公路运输，以及与 IRIS 类似，电力成本交易价格低于 4 美分/（kW·h）[6]。证明概念的安全性也是一个关键目标。

MASLWR 概念的最初设计功率是 1000MW_{th}，配有 4 个水平 U 形管蒸汽发生器。此设计很快就被证明过于复杂和不经济，并且将模块设计简化为一个小型的 150MW_{th}（35MW_e）一体化主回路布置，使用的是内置螺旋盘管蒸汽发生器。为了产生类似于传统大型核电站的输出功率，要在一个电厂中组装 30 个模块堆及相关的涡轮机/发电机设备，输出总功率为 1050MW_e。除了开发创新型 SMR 概念和多模块核电站设计，MASLWR 项目团队还在俄勒冈州立大学建造了一个采用电加热的缩比模拟器设施，以演示该概念的安全性能。在为期 3 年的 NERI 计划完成后，由何塞·雷耶斯（Jose Reyes）领导的俄勒冈州立团体使用该模拟器改进了 MASLWR 概念。一些修改和精细化设计提高了其性能和商业可行性。2007 年，一家名为 NuScale Power 的新公司成立，目的是将最终设计商业化。在 3.3.2 节中，我将更全面地介绍 NuScale 设计，它是目前仍在朝着许可和部署发展的美国 SMR 设计之一。

3.3.2 第四代反应堆计划

第四代反应堆计划是由 DOE 于 2000 年建立的，目的是研究先进反应堆技术。此计划很快演变成一个国际计划,即第四代(核能系统)国际论坛(GIF),其中包括10个授权的国家:阿根廷、巴西、加拿大、法国、日本、南非、韩国、瑞士、英国和美国。NERI 计划侧重于重新吸引研究界,而第四代反应堆计划则侧重于更广泛的国际社会,并寻求就具有商业可行性的先进反应器技术达成一致。一大批管理人员组成了一个复杂的委员会层级,这会给所有官僚都带来喜悦。有概念层面委员会、技术层面委员会、评估委员会、筛查委员会、整合委员会,当然还有强制性的咨询委员会。尽管面临官僚主义的挑战,但委员会的集体成员还是成功地对近 100 个概念的初步汇编进行了评估,并将它们整合成几个有希望的备选堆型。最后选择 6 个概念堆,实际上是 6 种类型的概念堆,需要进一步研究,包括超高温气冷反应堆、钠冷快中子反应堆、铅冷快中子反应堆、气冷快中子反应堆、超临界压水反应堆和熔盐反应堆[7]。多个国家在继续开发这些概念中每个堆型的具体设计。

第四代反应堆计划的目标是提高安全性、经济性、可持续性和防扩散能力,是"规模中立"的,并考虑了小型反应堆的具体应用。但是由于该计划是通过 GIF 实施的,其中主要包括来自传统核能领域的个人和组织,因此 6 种先进反应堆概念迅速发展为大尺寸堆型设计。该计划确认了几个 GIF 参与国对小型、整体式水冷设计的兴趣,但由于认为水冷技术已经足够成熟,因此未将其纳入计划。这使 IRIS 联盟和 MASLWR 团队之类的设计团队处于劣势,因为他们的设计过于成熟而无法包含于第四代反应堆计划中,但考虑到他们的设计较有创新性而将它们纳入"核电-2010"(Nuclear Power-2010)计划,该计划的重点是加速部署已取得认证的设计。因此,需要由参与组织为进一步的研发提供资金,考虑到所需的巨大成本,这是一个艰巨的挑战。2006 年,随着美国能源部新计划——全球核能伙伴关系(GNEP)计划的启动,这种情况发生了改变。

2001 年,应国会的要求,DOE 发布了一份报告,详细描述了 SMR 的好处,特别是可为阿拉斯加和夏威夷的偏远地区供电[8]。该研究的重点是小于 50MW$_e$ 的 SMR 概念,得出的结论是,部署已经过审查的候选设计没有重大的技术挑战,而且在这两州偏远地区具有很强的经济竞争力。

3.3.3 全球核能伙伴计划

从 2005 年开始,一小群政府和实验室领导人私下会晤,以拓展新的广泛的计划视野,以促进核能的国际扩张,特别是对新兴国家。最初,该计划草案被称为"全球核能倡议",于 2005 年秋季扩展为面向更多研究人员的推广会议。我是来自 ORNL 的与会者之一,并且兴奋地发现该计划包括关注 SMR 的内容。到了 2006 年国会为该计划提供资助时,它已经更名为 GNEP,并有美国、法国、日本和英国参与。到2008年,已有20多个国家签署了GNEP协议,同时有数量相当的国家在观望。GNEP的关键内容包括扩展核能应用、最小化核废料、增强核安全保障、开发适合尺寸的反应堆、开发回收再利用技术以及建立可靠的燃料服务业务。无论是出于初衷还是为了抓住机遇,GNEP计划的美国部分重点发展先进燃料后处理及再利用的技术。

由于GNEP过分强调燃料循环利用技术,小型反应堆的内容只占了一小部分,得到的资助不到GNEP年度预算(1.5亿美元)的0.5%。由于我参与了IRIS项目,也由于我不断地为这部分内容进行申请,我被美国能源部选为该部分的技术负责人。尽管GNEP中小型反应堆部分的重要性令人失望,但这是自NERI计划最初明确以小型反应堆为目标以来得到的第一笔资助。IRIS的设计成为GNEP小型反应堆单元的焦点,该单元称为GAR活动,因为它是2006年唯一有重大商业参与的SMR设计。此外,IRIS联盟的国际基础和广泛的公开报道使该设计得到了许多GNEP参与国家的认可。

把小型反应堆纳入GNEP的初衷是开发适合新兴国家的商业上可行的反应堆设计,这强烈暗示它们应该比目前市场上的大型电站更小、更具灵活性。由于该计划的重点是出口,且认为美国国内部署对小型反应堆没有兴趣,因此美国国会在2008年联邦预算中没有对GAR的资金支持。事实上,许多国会代表并不喜欢GNEP计划,并在一两年后取消了该计划。但是参与联邦计划的人都知道,这个计划实际上并没有消失,它们只是以不同的名称重新出现。就GNEP而言,它被分为3种方式。大部分的研发活动都出现在资金充足的"先进燃料循环计划"中,且GNEP的国际关系部分被重新贴上了"国际核能合作框架"的标签。尽管没有任何拨款,但GNEP的GAR部分成了唯一的SMR计划。GAR运动的短期运行和提议的后续SMR计划,再次向更广泛的核能界展示了小型反应堆的优点,并在美国国内催生了用核兴趣。这些计划还有助于刺激一些新SMR设计的出现,其中许多仍在积极开发中。

3.4 新的军事需求

美国对核能重燃的兴趣以及DOE对SMR的关注,使美国陆军和空军对核能有了新的看法。2007年,美国空军第一个怀着谨慎的态度向前迈出了第一步。幸运的是,他们的兴趣不是像20世纪50年代那样为军用飞机提供动力,而是为其国内基地提供安全、专用的动力。他们在2008年初发布了一份官方的"信息申请",以吸引潜在的小型核动力装置供应商、所有者和运营商的兴趣,来提供电力并可能为生产液体燃料进行工艺供热——这是空军总耗能的重要组成部分[9]。几个月后,美国陆军也宣布有兴趣使用小型核电站为其国内基地供电。但是,与第2章中讨论的原来的陆军核电计划不同,他们更倾向于采用类似于空军的方案,即他们愿意提供租赁联邦土地的权利,并向商业组织提供长期电力购买协议,该商业组织负责为陆军设计、建造和运行该核电站。

美国空军和陆军对向国内基地提供安全动力突然产生的兴趣催生了许多新的小型和非常小型反应堆概念。其中一种向空军提出的概念堆全球能源模块(GEM-50)是由巴威公司在 Jeff Halfinger 的技术指导下开发的。50MW$_e$的 GEM-50 是一体式压水堆设计,具有与巴威公司早期开发的 SMR 设计有很多相同的特征,包括"奥托·哈恩"商船的推进装置、CNSG 和用于工业供热的一体化核蒸汽供应(CNSS)设计。尽管巴威公司在 20 世纪 70 年代曾是美国大型电厂的主要供应商之一,但他们已退出这个市场,专注于支持美国海军。他们在开发 GEM-50 概念堆方面的努力为他们在 2009 年推出名为 mPower 的新型 SMR 设计奠定了基础,3.5 节将对此进行详细讨论。

为了满足美国空军和陆军在核能方面相似的兴趣——为其国内基地提供电力,一个由多机构组成的组织于 2009 年底成立,并报送至美国国防部长办公室。该组织的委员会由来自空军、陆军、海军、DOE 和核管理委员会的代表组成。我参加了 DOE 的这个委员会会议,目睹了国防部(DOD)重新接纳核能的热情和犹豫。我还体验到,把一个好想法交给一个多机构委员处理,将导致它非常有效地被扼杀,或者进展极其缓慢。幸运的是,美国国会在 2010 年的 DOD 资金授权法案中加入了相关内容,促使 DOD 开展关于国内基地部署核动力装置的可行性和优点的研究[10]。联合委员会委托海军分析中心进行这项研究,并于 2011 年初发表了一份最终报告[11]。研究得出结论,由于大多数装置的功率需求相对较低,SMR 是最佳选择。研究还得出结论,SMR 可用于关键军事设施的电力能源保障,同时可满足减少温室效应气体排放的联邦规定。从这项研究可以进一步看出,新的 SMR 设计提供了有希望的解决方案。然而,其许可和经济性尚未得到证实。DOD 对在其设备上应用 SMR 保持谨慎的态度,但他们似乎有意让商业界带头将新设计推向市场。

3.5 美国现代小型模块化反应堆的横空出世

2009 年,DOE 起草了一份详细的 SMR 计划草案。它最初效仿寿命较短的 GAR 计划,并在核能界的广泛支持下进行了改进。它包括两个关键要素:①政府-行业成本分担合作,以加快近期 SMR 的设计和许可;②跨领域交叉研发计划,以进一步开发既支持近期,又支持长期的先进 SMR 概念的技术。拟议的

SMR计划广受欢迎，但作为一项联邦新计划，它只有在国会通过了明确包含该计划的联邦预算后才能启动。然而，国会陷入了决策僵局，在2010年和2011年都未能就联邦预算达成一致，使联邦政府只能根据《继续决议案》进行运作。尽管在此期间SMR计划未获得资金支持，但它在政治上似乎很受欢迎，并有助于商业界和研发团体中出现一些新的SMR概念和设计。

如前所述，IRIS设计是2005年左右最有可能的美国SMR。然而，作为早期NERI计划开发的最初的MASLWR概念已在俄勒冈州立大学悄然成熟，于2007年商业化，并成立了一家新的初创公司：NuScale Power公司。NuScale Power公司的创始人是俄勒冈州立大学核工程系主任Jose Reyes和太平洋燃气与电力公司退休总裁保罗·洛伦齐尼（Paul Lorenzini）。他们迅速召集了一小批行业专家来推进NuScale设计，并于次年和美国NRC正式启动了预申请项目[12]。尽管NuScale SMR的设计相对于MASLWR概念进行了一些改进，但仍保留了许多MASLWR的创新性特征，其中包括一个小型简化模块，可多个同时布置在一个反应堆池中运行，从而能够提供非常灵活且多规模的核电站设计[13]。NuScale的设计迅速获得了DOE和DOD的关注，因为它较小的功率尺寸（每个模块$50MW_e$）非常适合一些联邦设备的功率要求。

像大多数新成立的公司一样，NuScale也面临着投资挑战，并在2011年初几乎破产。同年晚些时候，福陆公司作为主要投资者和战略合作伙伴加入，使NuScale拥有了坚实的经济基础。2013年，罗尔斯·罗伊斯等其他几家公司与NuScale合作，为电厂设备的设计和制造提供支持。2013年下半年，NuScale被美国能源部选中，作为美国能源部SMR计划的一部分，获得了价值超过2亿美元的巨额拨款，该计划最终在2012财政年得到了国会的资助。

个人感言：在ORNL工作了近35年后，我离开了那里去追随我对SMR的热情。我坚信，使SMR成为现实取决于行业，我很幸运能够加入NuScale Power。由于NuScale的创新企业文化和对设计安全的关注，我觉得这次机会非常适合我。与Carelli对"设计安全"不变的要求相似，Reyes和他的团队在NuScale的设计中尽量采用相同的原则。在我看来，该设计似乎具有相当高的抵抗力和安全性——温伯格坚信这种特性将是核能的未来。

尽管获得了广泛的政治支持，但美国能源部SMR计划的资金落实缓慢。实际上到2011年，它的受欢迎程度如此之高，以至于成了各类政客和组织之间的政治筹码。DOE坚持认为SMR计划的价值，并且能够克服一些政治挑战。在生活中具有讽刺意味的是，就在我2011年12月离开ORNL的那一天，国会终于通过了一项联邦预算，为SMR计划指定了资金。

在2007年NuScale的SMR设计出现后不久，巴威公司于2009年宣布进入商业 SMR 市场。设计责任随后移交给了 Generation mPower 公司，该公司是巴威公司和柏克德公司的合作伙伴。mPower 的设计是一个一体式压水堆，以巴威公司在大型和小型反应堆设计方面丰富的历史经验以及当时在海军推进系统方面的经验为基础。该设计在巴威公司一年前向空军提出的 GEM-50 设计基础上进行了一些改动，例如，主冷却剂的强制循环和使用传统的直管式蒸汽发生器。可参考的 mPower 电站包括两个 180MW$_e$ 的反应堆模块，以及配套的独立式涡轮机/发电机系统[14]。

2009 年，mPower 的开发人员向 NRC 提交了许可预审查的申请。2012 年，它们是第一个被授予完整设计许可的 SMR 设计，同时作为 DOE 新资助的 SMR 计划的一部分进行部署。尽管设计工作在 2009—2013 年进展非常迅速，但巴威公司在 2014 年初宣布，由于投资方面的挑战，他们将大幅降低开发速度。这强调了将新反应堆设计推向市场的最大障碍——大量的、长期的投资承诺。我将在第 4 章中重新讨论这一挑战。

在巴威公司推出 mPower 设计一年后，Holtec International 公司加入到了 SMR 的竞争行列中：140MW$_e$ 的 Holtec 国际小型模块化地下反应堆（HI-SMUR）。虽然 Holtec 不是一个传统的反应堆供应商，但它在核燃料支架设计和制造方面受到了核工业的认可。他们组建了一支多元化的团队，由其新成立的子公司 SMR 公司领导，以开发 HI-SMUR 设计。这项设计的贡献者包括绍尔集团（Shaw Group）和英国国家核实验室。大约一年后，该设计升级到 160MW$_e$，并重新命名为 SMR-160。SMR-160 不是像 NuScale 或 mPower 那样的真正的一体式反应堆，而是采用紧凑型循环设计，即外部蒸汽发生器容器直接与反应堆容器法兰连接，从而省去了大型外部管道系统。

第四个争夺近期 DOE 拨款的有力竞争者是西屋电气公司。尽管他们自 1999 年以来一直领导 IRIS 联盟，但他们在 2010 年退出。2011 年初，他们引入了一种新的 SMR 设计，该设计利用了其非常成功的 AP-1000 设计中的许多组件和特征，同时又保持了类似于 IRIS 的一体化主回路布置[15]。800MW$_{th}$（225MW$_e$）模块旨在作为一个机组或两个模块的核电站进行部署。2012 年，他们开始与 NRC 进行预先许可的讨论。然而，西屋电气公司在 2013 年末宣布，为了专注于不断增长的 AP-1000 业务，他们将显著减少在 SMR 设计上的投入。

在此期间，作为美国能源部下一代核电站（NGNP）计划的一部分，另一个小型核电站也正在开发中[16]。NGNP 与上面讨论的 4 种 SMR 设计有所不同，主要原因为：①它不是具体设计，而是规范的总括；②它关注高温工艺热应用，而非发电；③与传统压水堆相比，需要不同的燃料、材料和冷却剂。NGNP 是基于高温反应堆的概念，这是 2002 年第四代反应堆计划中 6 种先进技术概念之一。虽然

NGNP设计最初的目标是采用氦气作为冷却剂实现出口温度为1000℃，但是由于材料方面的挑战，NGNP设计的目标后来降低至850℃。较高的出口温度可以支持多种工艺热应用，例如，使用高效的热化学工艺生产氢气、从页岩和焦油砂中高效回收油，以及天然气的蒸汽重整。单个NGNP装置的预期发电能力为250~300MW$_e$。

在2012年终止的NGNP计划中，由西屋电气公司、通用原子能公司和阿海珐公司（AREVA）领导的3个工业团队同时开发了3种设计方案。西屋电气公司的设计是由南非的Eskom公司开发的球床模块化反应堆（PBMR）。通用原子能公司的设计是模块化高温反应堆（MHR），其设计与20世纪80年代初早期的设计基本相同。阿海珐新技术先进反应堆供能设计采用类似模块化高温反应堆的棱柱块状慢化剂结构，但使用了间接燃气和蒸汽循环动力转换系统。

随着NGNP计划的终止，这3种候选堆的前景受到了质疑，如果有足够的市场需求，这3种候选堆未来的部署仍然是可行的。情况类似，通用电气公司继续支持最初于20世纪80年代开发的PRISM设计，以便在可能需要快中子反应堆优势的地方进行部署，即提高燃料利用（燃料增殖）或废物管理（锕系元素嬗变）。

除了这些传统反应堆供应商提供的非水冷反应堆设计，在2000—2010年还成立了几家新的初创公司，期望获得在GNEP和SMR计划中提供的联邦资金。最受关注的新公司是美国洁净能源应用技术开发公司（Hyperion Power Generation），这主要是由于他们积极的营销风格。该公司成立于2007年，旨在使用洛斯阿拉莫斯国家实验室（Los Alamos National Laboratory）开发的一种非常独特的概念，实现25MW$_e$"核电池"的商业化。虽然其铅铋冷却剂技术与水冷反应堆技术相比更为先进，但该设计后来被更改为更传统的设计。公司领导层也发生了变化，公司名称也更改为现在的Gen4能源公司（Gen4 Energy）。该概念主要用于远程和很大程度上无须干预的操作，离潜在的许可和部署尚有数年之遥，但已从能源部SMR计划的研发部分获得了资金，以帮助其进一步开发该技术。

2010年，先进反应堆概念公司（Advanced Reactor Concepts）成立，旨在商业化小型钠冷快中子反应堆[17]。ARC-100的概念主要由前DOE国家实验室的研究人员开发，是一个100MW$_e$钠冷反应器，其概念与PRISM类似。ARC-100开发工作的重点是提供一种非常灵活和安全的核电站设计，以满足发展中国家不断增长的能源需求。该公司没有获得足够的投资资金，现在不再进行积极的设计开发。

在气冷反应堆领域，通用原子能公司在2009年推出了他们最新的小型氦冷反应堆系列：EM2。与他们的热光谱MHTGR和MHR设计不同，EM2是一个小型快谱反应堆,旨在通过使用增殖和燃料循环来扩展新的燃料资源并管理核废物。充分开发燃料形式和材料需要大量的研发工作,为此,他们与 DOE 共同承担研发成本。表 3.1 总结了自 2000 年以来出现在美国的几种商业 SMR 设计。

表 3.1 目前美国商业 SMR 设计堆型总结

SMR 设计名称	设计机构	布置方式	冷却剂循环方式	发电功率/MW$_e$
水冷式				
mPower	Generation	一体式	强迫循环	180
NuScale	NuScale Power	一体式	自然循环	50
SMR-160	SMR	紧凑型循环	自然循环	160
W-SMR	西屋电气公司	一体式	强迫循环	225
气冷式				
EM2	通用原子能公司	环路型	强迫循环	265
MHR	通用原子能公司	环路型	强迫循环	280
液态金属冷却式				
G4M	Gen4 Energy	池式	自然循环	25
PRISM	通用电气公司	池式	强迫循环	311

在此期间,出现了多个新的 SMR 概念,由于核能界对 SMR 的热情或希望得到联邦政府的资金资助,或两者兼而有之。一些成功地获得了能源部 SMR 计划的研发资金,有些则没有。少数人可能会看到他们付出的最终成果,但历史表明绝大多数人不会看到。

3.6 核能复兴的减缓

与 2000 年对核能高涨的热情和光明的前景相反,到 2007 年左右,人们已经很清楚地意识到,实施核能复兴需要的时间比想象的长得多,但又希望少于欧洲文化复兴的 400 年。尽管最初有大量许可证和认证申请提交给 NRC,但已有一些申请开始被暂停,实际订单很少。相反,新的 AP-1000 和 ESBWR 设计的认证被推迟,联邦贷款担保和其他缓解风险措施的实施进展非常缓慢,这些措施已作为《2005 年能源政策法案》(*Energy Policy Act of 2005*)的一部分获得批准。在 2008 年爆发全球金融危机时,情况变得更糟,对美国和国际经济造成了严重破坏。这场危机对新建核电站产生了两个不利影响。首先,它使大型昂贵核电站的投资风险很大,且很难保障投资安全。其次,由于许多消费者难以支付账单,此次危机也使电力需求降低。雪上加霜的是,由于称为水力压力法的天然气回收工艺的出现，天然气成本急剧下降。2011年3月11日，核工业的又一次重大打击发生了，当时日本沿海发生的一场大地震引发了毁灭性的海啸，摧毁了日本福岛第一核电站的4个反应堆机组。随后几天，4个机组中3个机组的堆芯遭到了严重的破坏，需要在周边地区进行大规模的人员疏散[18]。造成破坏的根本原因是海啸的高度超过了防护性屏障，导致核电站失去了外部电力供应并淹没了应急柴油发电机。应急备用电池只能提供几个小时的电力。由于没有动力来运转反应堆冷却剂泵，反应堆堆芯发生过热熔化。作为对这一事故的回应，日本关闭了所有的核电站，似乎肯定会完全放弃核电。德国决定逐步淘汰所有核能，意大利则关闭了重新使用核能的大门。核工业中的每个人都屏住呼吸，预测会有更多国家效仿。幸运的是，他们没有这样做。

令我感到惊讶的是，阻碍美国核电复兴的许多因素对SMR起到了支撑作用。例如，金融危机优先对大型资本密集型项目（如吉瓦级核电站）造成了不利影响，而电力需求的明显下降也使公用事业公司的高管降低了订购巨型产能核电站的意愿。相反，规模较小、前期成本较低以及能够以较小增量增加新产能的电厂立刻就更具吸引力，即使对于大型公用事业公司而言也是如此。在较短的几年中，我们观察到该行业已经从几乎无人关注SMR转变为整个会议都围绕着该主题。

甚至福岛第一核电站的事故也有助于增强人们对SMR的兴趣。福岛核事故发生时，我还在ORNL工作，ORNL公共关系办公室向我询问了许多有关事故的情况。处理记者的来电对我来说是一种相对较新奇的经历，也是我害怕的事情。然而，这一轮特别的来电改变了我对记者的普遍负面看法。令我惊讶的是，几乎所有人都做了功课，至少对核电站设计有了基本的了解。而且，他们没有先入为主，只是想更好地了解日本发生的事及其影响。他们中的一些人读过关于SMR的文章，并推测SMR可能比福岛核电站的设计更好。尽管我对SMR在电厂安全性和应对事故方面的表现充满热情，但我对这些记者的回应总是经过仔细衡量。现实情况是，与福岛第一核电站的特殊设计相比，世界上许多在役核电站以及美国所有的在役核电站都有更强的应对事故抵抗能力。此外，新的大型核电站，如AP-1000，采用了非能动安全系统，可提供抵御此类极端事故的更高的能力。尽管如此，这些记者基于有限研究做出的早期反应令我感到鼓舞，并且证明核能界也会做出同样的反应。

3.7 国际小型模块化反应堆活动

本章的前几节着重介绍了美国在SMR方面的经验，这也是本书的主要内容。然而，SMR已经成为并将继续成为一种全球现象。总体而言，有20多种

SMR设计在世界范围内进行了大量的商业投资,如果包括主要研究机构开发的概念堆,这个数字轻易就会翻倍。在一些方面,一些国家在新的SMR设计开发方面已经超过了美国,包括许可和建设。例如,韩国开发的系统集成模块化先进反应堆(SMART)设计于2012年获得了韩国核安全与安保委员会的标准设计合格证。俄罗斯已授权他们自主设计的驳船式SMR设计,即KLT-40S,并于2012年开始建造前两个小堆装置。2014年初,阿根廷宣布已经启动"阿根廷中央元素模块"(CAREM)原型堆建设。

如第2章所述,国际原子能机构(IAEA)和核能署(NEA)研究了20世纪80年代和90年代初小型和中型反应堆的新趋势和机遇。进入21世纪后,IAEA继续积极参与国际社会的活动,主要由弗拉基米尔·库兹涅佐夫(Vladimir Kuznetsov)的个人热情所推动,他于2003年被派到IAEA任职。Kuznetsov发起或协助进行了几项中小型反应堆研究,最早是2004年的一次技术会议,关于审查当前的发展和部署状况[19]。这是IAEA近10年来首次聚焦中小型反应堆的会议,设计的数量从1995年的不到20个商业设计增长到2004年的30多个设计。2004年的技术会议促使IAEA更努力地从商业界和研究界收集设计信息,并出版了大量的中小型反应堆设计纲要。概念和设计的说明分别在两个单独的报告中公布:一个是关于传统换料形式的设计[20],另一个是关于非现场换料的设计[21]。这两份报告总共超过1600页,描述了60多个设计。

大约在美国启动第四代反应堆计划时,俄罗斯在IEAE内部开展了类似的计划。建立国际创新型核反应堆和燃料循环项目(INPRO)是为了帮助确保核能能以可持续的方式满足21世纪的能源需求。尽管两个计划的目标非常相似,但第四代反应堆计划侧重于开发6种特定的反应堆技术,而INPRO计划侧重于开发评估先进技术的方法。2007年,INPRO启动了一个名为"通用用户注意事项"的项目,旨在定义发展中国家新电厂潜在用户的共同特征[22]。尽管该项目最初旨在探讨中小型反应堆对发展中国家的适用性,但该项目难以完成此任务。挑战之一是,发展中国家对中小型反应堆设计的发展几乎没什么看法。此外,他们的核电计划还不够完善,无法充分详细地讨论要求和验收标准。我还注意到,INPRO成员并非一致支持小型反应堆,这限制了该项目的成效。

"通用用户注意事项"项目是我在国际原子能机构第一次直接参与的工作,这确实让我大开眼界。最重要的是,它使我更好地了解了世界上许多国家绝望的能源形势。核能为他们提供了一个非常有诱惑力的选择,但同时带来了巨大的困境。这些国家的财政限制和基础设施为他们应用小型核电站提供了不可抗拒的理由。但是,他们期望极低的项目风险,这似乎排除了新的SMR设计,因为这些新的SMR设计虽然很有前途,但尚未投入使用(甚至未获得许可)。尽管该项目面临许多挑战,但它有助于开启新型小型反应堆设计的开发人员与众多潜在客户(世界新兴国家)之间的重要对话。当我在5年后的2013年参加了一个关于中小型反应堆的INPRO会议时,令我震惊的是SMR开发人员和潜在用户之间的交流已经取得了进展,新兴国家对SMR的好处和挑战的理解也更加深入。在启动INPRO"通用用户注意事项"项目的同时,IAEA于2008年开始了一个为期2年的项目,着眼于中小型反应堆的经济竞争力[23]。我也参加了这个项目,这是我第一次真正接触到经济学家,这是我在职业生涯中基本没接触过的一个群体。尽管有些痛苦,因为非常陌生的术语和思维过程,但是非常有价值,可以更定量地阐明为什么小型核电站与大型核电站相比极具竞争力。我认为这种方法很有吸引力,它不是试图预测特定电站或一类电站的成本,而是逐个因素地了解一个小型反应堆如何逐步抵消传统的规模经济因素。这个问题对于SMR的可行性至关重要,因此我将在后面用一整章进行讨论。然而,该项目关于经济竞争力报告的最终报告被内部拖延,直到2013年才发布。

2010年,哈迪德·苏伯基(Hadid Subki)取代库兹涅佐夫(Kuznetsov),成为IAEA核电部门小型反应堆计划的负责人。从那时起,Subki在技术、许可和中小型反应堆部署等方面推行了积极的计划安排。他还启动了主要设计纲要的例行发布,最新版本于2014年9月发布[24]。该纲要列出了22种水冷设计和9种气冷设计(液态金属冷却的设计被移到一个单独的报告中)。但是请记住,IAEA通常将小型反应堆与中型反应堆设计(容量在300~700MW$_e$之间)分为一组,因此其中一些设计比我认为的SMR大。表3.2列出了我对当前商业SMR的评估,这些评估在《小型模块化核反应堆手册》(*Handbook of Small Modular Nuclear Reactors*)的第2章中也作了简要介绍,该手册也于2014年9月出版[25]。

表3.2 全球正在开发的主要商业SMR设计堆型总结[24-25]

国家	SMR名称	设计机构	布置方式	发电功率/MW$_e$	电厂模块数量
轻水冷却式					
阿根廷	CAREM	CNEA	一体式	27	1
中国	ACP-100	CNNC	一体式	100	最多为8
中国	CNP-300	CNNC	回路式	300~340	1
法国	Flexblue	DCNS	回路式	160	1
韩国	SMART	KAERI	一体式	100	1
俄罗斯	ABV-6M	OKBM	一体式	8.5	2
俄罗斯	KLT-40S	OKBM	紧凑型循环	35	2
俄罗斯	RITM-200	OKBM	一体式	300	1

续表

国家	SMR 名称	设计机构	布置方式	发电功率/MW	电厂模块数量
轻水冷却式					
俄罗斯	VBER-300	OKBM	紧凑型循环	300	1
美国	mPower	Generation mPower	一体式	180	2
美国	NuScale	NuScale Power	一体式	45	最多为 12
美国	SMR-160	SMR	紧凑型循环	160	1
美国	W-SMR	西屋电气公司	一体式	225	1
重水冷却式					
印度	PHWR-220	NPCIL	回路式	235	2
印度	AHWR-300-LEU	BARC	回路式	304	1
气冷式					
中国	HTR-PM	INET	球床	105	2
南非	PBMR	PBMR	球床	100	2
美国	GT-MHR	通用原子能公司	棱柱状	150	1
美国	EM2	通用原子能公司	棱柱状	265	2
液态金属冷却式					
日本	4S	东芝	钠	10 或 50	1
俄罗斯	SVBR-100	AKME	铅铋	101	1
美国	PRISM	通用电气公司	钠	311	2

另一个主要的国际核能组织——经合组织核能署(NEA)在21世纪的第一个十年里对 SMR 保持相对沉默。实际上,从 NEA 在 1991 年的研究以来,他们就很少关注 SMR 了,这已在第 2 章中进行了讨论。2011 年终于打破了沉默,当时他们发表了一份报告,给出了对中小型反应堆的状态预测[26]。该研究综述了当前和新兴的设计,但侧重于中小型反应堆的经济可行性。尽管该报告提供了大量关于潜在市场的令人鼓舞的数据,但对小型电站在大型电站市场上的竞争能力表示怀疑。与 1991 年 NEA 的研究一样,我认为 2011 年的研究再次忽略了一点,SMR 主要针对大型电厂无法很好服务的非传统市场。

从前面两章可以看出,在美国和全球范围内,人们一直对 SMR 感兴趣。尽管获得了持续的关注,但 SMR 尚未成为商业核电行业的重要力量。自 2000 年以来,与 SMR 相关的全球活动水平,特别是在美国,一直在迅速增长,在此无法一一列举。为了更好地理解最近人们对 SMR 的兴趣迅速上升的原因,并解决它们是否会成为核电未来的一部分的问题,在第二部分"原理和特点"中讨论了与

SMR 有关的主要属性和优点。在第三部分,"对现实的保证"中我提供了不同客户群体对 SMR 价值主张的看法。我还讨论了要使 SMR 成为现实必须解决的一些挑战和障碍。

参考文献

[1] *Statistical abstract of the United States*;2012. US Census Bureau;2012.

[2] *Monthly energy review*. Energy Information Administration;March 2009.

[3] *IRIS development and objectives*. Westinghouse Electric Company;September 9, 1999. IRIS-W-02 Rev 0.

[4] Carelli MD, et al. The design and safety features of IRIS. *Nucl Eng Des* 2004;**230**:151-167.

[5] Smith CF, et al. SSTAR:the US lead-cooled fast reactor (LFR). *J Nucl Mater* 2008;**376**:255-259.

[6] Modro SM, et al. *Multi-application small light water reactor final report*. Idaho National Engineering and Environmental Laboratory;December 2003. INEEL/EXT-04-01626.

[7] *A technology roadmap for generation IV nuclear energy systems*. Generation IV International Forum;December 2002. GIF-002-00.

[8] *Report to congress on small modular nuclear reactors*. US Department of Energy;May 2011.

[9] *Request for information*. US Air Force;January 17, 2008. AFRPA-08-R-0005, posted on Federal Business Opportunities. www.fbo.gov.

[10] *National defense authorization act for fiscal year 2010*. 2010. HR 2647, Report 111-288, Section 2845.

[11] King M, Huntzinger L, Nguyen T. *Feasibility of nuclear power on US military installations*. Center for Naval Analyses;March 2011. CRM D0023932.A5/REV.

[12] Memorandum from T.J. Kenyon to W.D. Reckley. *Summary of pre-application kickoff meeting with NuScale power, Inc. on the NuScale reactor design and proposed licensing activities*. US Nuclear Regulatory Commission;August 7, 2008.

[13] Reyes Jr JN. NuScale plant safety in response to extreme events. *Nucl Tech* May 2012;**128**:153-163.

[14] Halfinger JA, Haggerty MD. The B&W mPower scalable, practical nuclear reactor design. *Nucl Tech* May 2012;**128**:164-169.

[15] Memmott JJ, Harkness AW, Wyk JV. Westinghouse small modular reactor nuclear steam supply system design. In:*Proceedings of the international conference on advanced power plants*. Chicago, IL;June 24-28, 2012.

[16] *Next generation nuclear plant pre-conceptual design report*. Idaho National Laboratory;November 2007. INL/EXT-07-12967, Rev. 1.

[17] Wade D. ARC-100:a sustainable, modular nuclear plant for emerging markets. In:*Proceedings of the international conference on advanced power plants*. San Diego, CA;June 2010.

[18] *Fukushima Daiichi:ANS committee report*. American Nuclear Society;March 2012.

[19] *Innovative small and medium sized reactors:design features, safety approaches and R&D trends*. International Atomic Energy Agency;May 2005. IAEA-TECDOC-1451.

[20] *Status of innovative small and medium sized reactor designs 2005:reactors with conventional refueling schemes*. International Atomic Energy Agency;March 2006. IAEA-TECDOC-1485.

[21] *Status of innovative small and medium sized reactor designs without on-site refueling*. International Atomic

Energy Agency;January 2007. IAEA-TECDOC-1536.

[22] *Common user considerations (CUC) by developing countries for future nuclear energy systems: report of state 1*. International Atomic Energy Agency;2009. NP-T-2.1.

[23] *Approaches for assessing the economic competitiveness of small and medium-sized reactor*. International Atomic Energy Agency;2013. NP-T-3.7.

[24] *Advances in small modular reactor technology developments*. International Atomic Energy Agency, Supplement to the IAEA Advanced Reactors Information System (ARIS);September 2014.

[25] Ingersoll DT. Small modular reactors for producing nuclear energy: international developments [Chapter 2]. In:*Handbook of small modular nuclear reactors*. Cambridge, UK:Woodhead Publishing;2014.

[26] *Current status, technical feasibility, and economics of small nuclear reactors*. Nuclear Energy Agency; June 2011.

第 2 部分

原理和特点

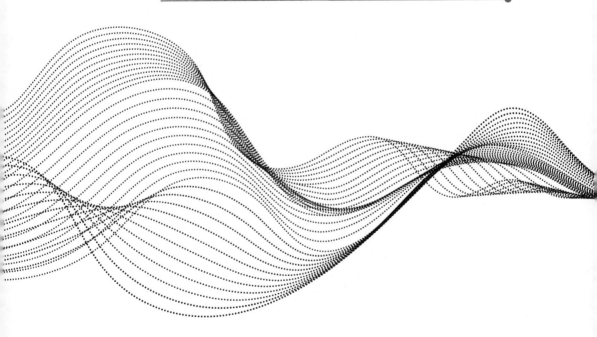

第4章
101座核电站：了解核反应堆

本书的第1章重点讨论了能源的重要性以及核能作为清洁能源未来重要组成部分的理由。在第2章和第3章，回顾了核能的发展历史，特别是SMR的历史。但我还没有详细描述SMR的任何重要特性。海曼·里科弗（Hyman Rickover）海军上将曾说："魔鬼在细节中，但救赎也是如此。"在接下来的几章中，当我开始关注SMR设计中共同的特性以及特定设计中的独有特性时，你就会发现这两者都有。但是，在深入探讨SMR的细节之前，本章可能有助于读者回顾商业核电站的基本特征、功能和技术。对于已经熟悉反应堆基础知识的读者，您可以跳过本章而不会失去连续性。但是对于那些不太熟悉该主题的读者，此简短的概述将有助于解释后续章节中提到的某些反应堆技术和术语。

4.1 基本动力设备特点和功能

商业发电厂的主要功能是产生热量。在这方面，核电站在功能上与燃煤电厂或天然气电厂相同。3种电厂在功能上的唯一区别是产热的方式。对于燃煤和天然气发电厂，热量是通过在炉中燃烧煤炭或天然气产生的，从而以直接热量的形式释放化学能。对于核电站来说，热量是通过燃料中的原子分裂产生的，从而释放出大量的核能。尽管核反应堆系统不同于燃煤炉或天然气炉，但其余的电厂硬件（称为"电厂配套设施"）在3种电厂中看起来十分相似，并且具有相同的基本功能，将产生的热量转化为电能。

图4.1是一个概念核电站的简化图。通常为陶瓷或金属形式的核燃料被包裹在保护性包壳中，并被整合组成反应堆堆芯的离散组件。所有核反应均发生在反应堆堆芯内，堆芯包含在一个非常坚固的反应堆容器内。控制棒包含一种吸收中子的特殊材料，可插入和移出堆芯以关闭和开启裂变反应。移动控制棒的控制棒驱动机构通常位于反应堆容器外部，但在某些一体式布置中可能位于

容器内部。冷却剂,称为主冷却剂,循环时通过堆芯,将热量从堆芯传递到蒸汽发生器。蒸汽发生器只是一束密集的金属管,在蒸汽发生器中,热量从一次侧冷却剂传递到二次侧冷却剂,冷却剂通常是水。二次侧冷却剂沸腾产生蒸汽注入涡轮中,使其迅速旋转。与发电机相连的涡轮轴的转动,通过称为电磁感应的过程将转动能量转换为电能,电能输送到电网。离开涡轮机的蒸汽在冷凝器中冷却,冷凝器基本上是一个反向运行原理的蒸汽发生器,将蒸汽转换为水。然后冷凝水通过主蒸汽发生器再循环回去。冷凝器的冷却功能由单独的循环水回路提供,该循环水使用附近的水源(如河流、湖泊或海洋)在外部冷却至发电厂,或使用冷却塔在大气中进行冷却。

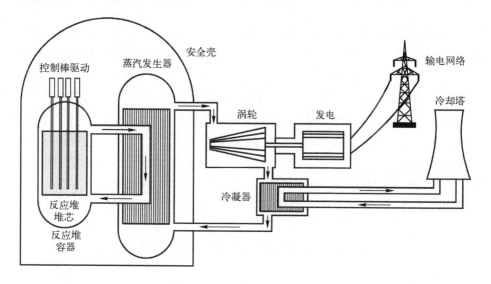

图 4.1 概念核电站的简化图

在某些反应堆堆芯中有一种重要材料是中子慢化剂。如果产生裂变的中子速度较慢(称为热中子),则铀等某些核燃料的工作效率更高。慢化剂的作用是吸收在裂变过程中释放的移动速度非常快的中子,并将其减速为热中子能量。因此,使用铀燃料的反应堆称为热中子反应堆,并且反应堆堆芯中始终包含慢化剂。慢化剂材料可能与主冷却剂相同,水冷反应堆就是这种情况。石墨也是一种常见的慢化剂材料,特别适用于气冷反应堆(GCR)。另一种方法是使用不同的核燃料,例如钚,这种燃料可以利用快速移动的中子进行有效裂变,并且不需要中子慢化剂。毫不奇怪,这些类型的反应堆称为快中子反应堆。由于水在减慢中子方面非常有效,因此快堆不能使用水作为主冷却剂。冷却剂和慢化剂材料的差异是反应堆类型之间的主要区别,下面将进一步讨论。

特定的核电站设计可能包括其他传热回路,以进一步将主冷却剂与涡轮机/发电机设备隔离,或者通过使用主冷却剂直接驱动涡轮机而省略蒸汽发生器。此外,蒸汽发生器可以在反应堆容器的外部(环路型设计)或在反应堆容器的内部(一体式设计)。但是,重要的是要注意用于冷却冷凝器的外部冷却剂回路始终要与主冷却剂分开,以便将反应堆冷却剂系统与环境隔离。另一个提供隔离的核电站特征是围绕反应堆系统的安全壳结构。

美国名义上现有的 100 个核电站全部用水作为主冷却剂。它们只能满足美国的能源需求之一:集中式基本负荷发电。可以将核能的使用扩展至其他能源需求,如分布式发电和工业热工艺应用。然而,与现有的大型水冷反应堆相比,采用不同的电厂设计和基础技术可能会更好地满足这些应用需求。例如,使用气体或液盐冷却剂可使反应堆系统在比水冷反应堆高得多的温度下运行,这对某些工业过程是有利的。同样,液态金属冷却反应堆改变了核裂变动力学,使反应堆产生新燃料的速度快于消耗燃料的速度,或减少乏燃料中的放射性危害程度。因此,尽管水冷反应堆方面具有丰富的运行经验,但许多国家也在寻求开发和部署更先进的反应堆技术。

4.2 反应堆代型

反应堆"代型"这一术语出现在 20 世纪 90 年代后期,以帮助区分目前正在运行的核电站与使用更先进技术开发的新核电站。尽管该术语已较为通用,但各代型之间的界限有点模糊,并且尚不清楚给新出现的设计分配"代型"的基础。从根本上讲,第一代核反应堆指的是早期设计和建造的原型反应堆,旨在使人们熟悉各种反应堆技术。这些早期电厂的功率输出相对较低(小于 200MW$_e$),为目前被归类为第二代的大型商业电厂提供了工程基础。在 20 世纪 80 年代和 90 年代美国中断新电厂订单期间,开发了几项新电厂设计,称为第三代。这些设计吸收了上一代电厂的经验教训,特别是在设计简化、标准化和增加使用非能动安全特性方面。然而,即使 AP-600 和 ABWR 这两种设计已获得美国 NRC 的认证,美国也没有订购第三代核电站。在全球范围内,第三代设计已经在日本、韩国和中国建造。

2000 年,美国能源部启动了一项计划,通过开发基于先进技术的新一代设计,即第四代,从而跨越未被订购的第三代设计。第四代反应堆计划确定了 6 种先进反应堆,这些反应堆具有显著提高前几代性能的潜力,特别是在安全性、经济性、可持续性和抗扩散方面[1]。此外,其中一些先进概念有望使核能扩展到超过基本负荷的电力生产领域,特别是热工艺应用和废物处理功能。评估和选择的6种先进概念堆包括超高温气冷反应堆（VHTR）、超临界水冷反应堆（SCWR）、熔盐反应堆（MSR）、钠冷快中子反应堆（SFR）、铅冷快中子反应堆（LFR）和气冷快中子反应堆（GFR）。

这6种反应堆系统可分为两个基本类别：①主要用于热工艺应用的高温反应堆（VHTR、SCWR、MSR）；②主要用于燃料循环应用的快中子反应堆（SFR、LFR和GFR）。由于运行温度较高，这6种反应堆类型用于发电时的转换效率较传统的轻水反应堆（LWR）更高。然而，它们真正的优势在于解决非电能需求。

大约在第四代反应堆计划启动的同时，美国公用事业公司重新燃起了建设新核电能能力的兴趣，促使一些第三代设计的供应商生产更新版本的设计。这些升级的第三代设计被称为"第三代+"。"第三代+"设计的两个例子是西屋电气公司的非能动先进反应堆（AP-1000）和通用电气公司的ESBWR。最早的4座AP-1000核电站正在中国建造。美国正在建造另外4个机组：佐治亚州沃格特勒基地的2个机组和南卡罗来纳州VC Summer基地的2个机组。尚未有ESBWR的订单，但美国多家公用事业公司正在考虑将来建造该设计。

2005年左右，新型轻水冷却SMR设计的出现在代型术语方面给行业带来了一些难题。有些人将它们归为"第三代+"，尽管一体式SMR在设计布置上与其他"第三代+"设计大不相同。另一方面，由于它们使用传统的水冷反应堆技术，因此不符合第四代的资格。当我被问及对此问题的看法时，我有时会开玩笑地将一体式水冷SMR定义为3.825代。

4.3 反应堆技术分类

尽管未得到一致使用，但在核反应堆类型中，术语"技术"通常是指用于从反应堆堆芯中除去热量的冷却剂。冷却剂的选择通常会影响整体设计，并在本质上影响反应堆系统中其他材料的选择，如燃料、燃料包壳、堆芯结构和反应堆容器[2]。最常见的反应堆冷却剂如下。

(1) 水，包括轻水（H_2O）和重水（D_2O）。
(2) 气体，包括二氧化碳和氦气。
(3) 金属，包括钠、铅或铅铋合金。
(4) 氟化盐，包括固体燃料或溶解的燃料。

以下各节概述了各种冷却剂的特殊特性，包括每种冷却剂的优缺点。

SMR并非采用特定的反应堆技术，因为小型反应堆设计中使用了这些不同的冷却剂。相反，SMR只是选定的反应堆技术中的一种设计选择，是设计者限制反应堆输出能力的选择。这种选择可能影响也可能不会影响电站组件的布置,但是设计的基本技术在很大程度上仍然取决于冷却剂的选择。尼尔·托德里亚斯(Neil Todreas)在《小型模块化核反应堆手册》的第1章中进行了有关SMR技术的更多技术讨论,包括各种冷却剂的物理特性[3]。在下面的讨论中显而易见的是,没有真正的"两全其美",所有技术都有优点和缺点。

4.3.1 水冷反应堆

截至2014年底,全球共有435座商业核反应堆投入运行[4],其中水冷反应堆419座、气冷反应堆15座、金属冷却反应堆1座,如图4.2所示。鉴于全球96%的商业反应堆都是水冷式的,在工程、监管和运行经验方面,将该技术用于新的反应堆设计具有压倒性的优势。供应链可用性也是一个明显的优势。从技术的角度来看,水是一种非常熟悉和易获得的商品,在工业处理方面完全是良性的。将水用于反应堆冷却的主要缺点是其沸点低(1atm(1atm = 101.325kPa)下为100℃)。为了在经济上可行,核电站必须能够实现相当高的热能转化为电能的效率,这意味着反应堆必须在高于300℃的温度下运行。这个温度可以用水作为主冷却剂来达到,但是要求反应堆系统在相对较高的压力下运行。较高的系统压力需要更厚(更昂贵)的压力容器,也增加了系统泄漏的能量。

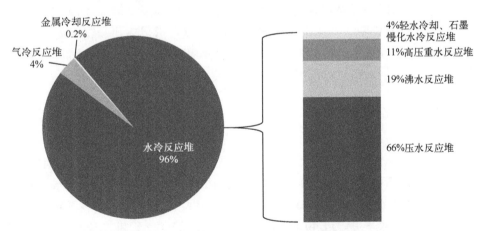

图4.2 截至2014年12月31日,全球范围内435个正在运行的商业核动力反应堆的反应堆技术分布情况[4]

水冷反应堆种类的变化包括压水反应堆(PWR)、沸水反应堆(BWR)、高压重水反应堆(PHWR),以及轻水冷却、石墨慢化水冷反应堆(LWGR)。图4.2所示为419个水冷商业反应堆中各类型反应堆的相对分布。这些设计通常是大型环路型电站,即主冷却剂从反应堆容器循环到一个或多个外部蒸汽发生器容器,然后再返回到反应堆容器。水冷SMR的一种常见设计选择是一体化主回路布置，其中蒸汽发生器被移至反应堆容器内从而避免外部回路。大多数一体化SMR也是压水反应堆(PWR)，有时也称为iPWR。

环路型PWR和BWR在全球范围内用于商业发电已超过50年。它们总共占全球所有商业反应堆的85%和美国的100%。这两种类型的主要区别在于水发生沸腾的位置。在压水堆中，一回路水保持在非常高的压力（正常大气压的150倍）下，以防止水在反应堆容器中沸腾。主冷却剂流经反应堆容器，并将热量从反应堆堆芯转移到外部热交换器中，在此处，热的一次侧水使蒸汽发生器二次侧的低压水沸腾并产生蒸汽。商业BWR的主冷却剂运行压力约为PWR的一半，使水在反应堆堆芯内沸腾。由沸腾的一次侧水产生的蒸汽被直接输送到汽轮机，因此不需要单独的蒸汽发生器。主冷却剂同时也是PWR和BWR的中子慢化剂。有关沸水堆和压水堆的详细资料，请参阅核管理委员会《核反应堆概念手册》(Reactor Concepts Manual)的第3章和第4章[5]。

PHWR是另一种类型的压水堆，它使用重水代替轻水作为主冷却剂和中子慢化剂。在重水中，普通（轻）水分子中的氢被氘取代，生成的水与普通水的化学性质相同，但其核性能得以提高。由于重水吸收的中子不如轻水吸收的中子多，因此天然铀可以用作燃料，从而避免了铀浓缩的基础设施和成本。反应堆堆芯由一系列单独加压的冷却剂和燃料通道组成，可以在反应堆运行时更换燃料。这与在更换燃料期间必须完全关闭的PWR和BWR形成对比。LWGR与BWR相似，冷却水也在堆芯区域内沸腾。但是，它使用石墨作为中子慢化剂。LWGR内的加压冷却剂和燃料通道允许与PHWR类似的不停堆换料。

4.3.2 气冷反应堆

与水冷反应堆相比，气冷反应堆(GCR)具有潜在的操作和安全优势。考虑该技术的主要原因是更高的反应堆工作温度能够提高能量转换效率。例如，水冷堆的实际最高温度约为350℃，由此产生的热电转换效率为32%~34%。相比之下，GCR可以在高达800~850℃的温度下运行，在使用传统的蒸汽轮机设备时，其能量转换效率可超过40%，而在使用更先进的燃气轮机设备时，其能量转换效率高达50%。

从安全角度来看，GCR通常使用较低的堆芯功率密度和较高热容的堆芯，这有助于在发生冷却剂丧失事故后限制燃料温度。由于它们使用不同的燃料形式和包壳，因此避免了蒸汽/锆包层的化学反应，该化学反应会在轻水堆事故条件下释放出爆炸性的氢气。与传统的PWR和BWR不同，一些GCR设计具有在全功率运行期间进行燃料更换的能力，这提供了一定的操作便利性和更高的电厂可用性。

已经建成的一些 GCR 在运行时采用 CO_2 或氦气冷却反应堆堆芯。商业 GCR 使用石墨中子慢化剂,会比水慢化反应堆吸收更少的中子。第一代 GCR 是在英国和法国建造的,使用天然铀金属燃料和镁或镁合金作包壳。随后的电厂使用低浓缩二氧化铀燃料及不锈钢包壳。截至 2014 年底,所有运营的 15 个 GCR 均位于英国。从 20 世纪 50 年代后期的德国开始,开发了新一代氦气冷却 GCR,采用非常坚固的碳涂层颗粒燃料。包覆的燃料颗粒压制成燃料块,由石墨慢化剂包围,石墨慢化剂通常采用六角形块(棱柱形)或球形(球床)。

1979—1989 年,美国在圣符伦堡电厂建造并运行了 GCR 原型堆。它使用了棱柱形块、石墨燃料元件、铀钍燃料循环和氦气冷却剂。目前,日本正在运行一台 $30MW_{th}$ 的棱柱状氦气冷却高温试验反应堆。已建成并运行的 3 个球床反应堆有德国 AVR 和 THTR 试验堆,以及目前正在运行的中国 HTR-10 试验堆。南非在开发球床模块式反应堆设计时借鉴了德国的经验。然而,财政困难阻碍了他们建造商业电厂的努力。基于在 HTR-10 方面的经验,中国目前正在商业核电站 HTR-PM 中建造一对 $100MW_e$ 的球床反应堆。

4.3.3 金属冷却反应堆

在最初开发水冷堆之后不久,就开始了金属冷却反应堆的开发。液态金属在反应堆应用中具有几个吸引人的特点,包括高导热率、高沸点和相对较低的熔点。与轻水反应堆(LWR)相比,这些特点具有潜在的优势,如较高的堆芯功率密度、较小的堆芯体积和薄壁压力容器。已被研究用于商业核能的金属包括钠、铅和铅铋。这些冷却剂的中子慢化特性低。因此,堆芯包含大量的快中子,与热中子相比,快中子每次裂变产生的中子数量更多。这些多余的中子可用于多种目的,如燃料的增殖。实际上,它们产生的燃料多于消耗的燃料。这些反应堆的另一个有吸引力的优势是,可减少核废料储存的需求。堆芯中的快中子有利于将钚和其他一些超铀锕系元素转化为短寿命的裂变产物,以减少或消除乏燃料中长寿命、高产热的放射性废物。

尽管钠冷快中子反应堆(SFR)是第四代反应堆的概念之一,但在全球范围内已有大量关于 SFR 的经验。美国、法国、日本、俄罗斯和英国均已建造了 SFR 实验堆、原型堆及示范堆。唯一的商业 SFR 在俄罗斯。中国和印度目前正在建设 SFR 示范堆。迄今为止,已证明 SFR 的运行极具挑战性,主要是由于金属钠可与水发生剧烈反应,会引起与金属钠的处理和使用有关的工业问题。为了避免钠泄漏,必须添加其他设计特征,这为 SFR 的设计和经济竞争力带来了额外的挑战。

铅和铅铋冷却剂也被考虑用于快堆。与钠相比，它们具有许多优点，如其沸点高、冷却剂空泡反应性反馈低，以及与空气、水和蒸汽的化学反应性低。缺点是它们很重，在较高温度下会腐蚀反应堆结构材料，而且铅铋活化会产生^{210}Po，从而产生严重的辐射危害。另一个缺点是铅/铅铋反应堆的运行经验非常有限，所有经验均基于苏联在20世纪60年代和70年代使用的几个潜艇推进装置。

4.3.4 熔盐反应堆

在20世纪60年代和70年代，美国开发了一种完全不同的反应堆类型，最后建造了两个实验堆。这种新型反应堆使用燃料和盐的熔融混合物流经石墨慢化剂进行循环，以实现非常紧凑的大功率反应堆系统。虽然MSR的最初目的是用于飞机推进，此目的在20世纪60年代初便被放弃，但MSR技术仍继续发展了10年，作为一种候选的"增殖"反应堆，它产生的燃料多于消耗的燃料。

如今，一些国家正在研究MSR用于商业发电或高温热工艺应用的潜在能力。熔盐反应堆可提高主回路系统的温度至LWR能达到的温度以上，同时拥有液态金属冷却剂的优点，如良好的传热特性和较低的主回路系统压力。此外，液态盐是透明的，相对于液态金属，它改善了反应堆检查和维护操作，而且熔盐反应堆可能达到的极高温度使其能够用于工业热工艺应用中。

早期MSR用溶解在锂和铍氟化盐熔融物中的铀或钍氟化物作为燃料。因为燃料是液体，所以可以从燃料中除去裂变产物，并且可以在反应堆继续运行时添加新燃料。熔融盐化学控制系统得到了发展，但是这项技术已经停滞了30多年。一种新的MSR备选方案已经出现，使用纯熔融氟化盐，即不含燃料的盐，用来冷却包含标准石墨包覆颗粒燃料的石墨慢化堆芯。这个概念称为氟盐高温反应堆(FHR)，它利用液态盐优异的热力学特性来克服高压高温GCR的许多工程挑战。在FHR中使用固体燃料避免了与MSR中循环液体燃料相关的设计和监管挑战。

人们对MSR和FHR概念的兴趣重新燃起。MSR是指定的第四代反应堆概念之一，而FHR是MSR和超高温气冷反应堆(VHTR)概念的混合。目前，中国正与美国合作设计一个小型FHR实验堆，并有望随后设计一个更大的MSR实验堆。

4.4 大和小的对比

重申一下，SMR不是一种独特的反应堆技术，而是所有技术的设计选择，本章讨论的每种技术都有多个SMR设计示例。正如上面讨论并在表4.1中总结的，每种技术的优缺点对 SMR 及更大的反应堆均适用。尺寸的选择受到预期应用场景或特定性能目标的影响。例如，专注于较小电力或热工艺需求的市场将要求较小的机组以更好地满足能源需求。实现特定的电厂总成本或一定的安全裕度也可能要求较小的机组规模。考虑小型核电站的原因有很多，尤其是其具有安全性、可负担性和灵活性的特点。这些考虑将在接下来的 3 章深入讨论。

表 4.1 不同核反应堆技术的主要优缺点

技术	优 点	缺 点
水反应堆	① 具有丰富的设计和运行经验。 ② 常见且温和的冷却剂	① 功率转换效率低。 ② 主回路系统压力高
气体反应堆	① 高温冷却剂可用于热工艺应用。 ② 功率转换效率高	① 有限的设计和运行经验。 ② 主回路系统压力高
液态金属反应堆	① 改善了燃料利用率及废物管理。 ② 主回路系统压力低	① 有限的设计和运行经验。 ② 冷却剂处理难度大
熔盐反应堆	① 高温冷却剂可用于热工艺应用。 ② 功率转换效率高。 ③ 主回路系统压力低	① 极少的设计和运行经验。 ② 冷却剂的化学相容性问题。 ③ 液体燃料的许可问题

参考文献

[1] *A technology roadmap for generation IV nuclear systems.* GIF-002-00. December 2002.
[2] Ingersoll DT, Poore III WP. *Reactor technology options for near-term deployment of GNEP grid-appropriate reactors.* Oak Ridge National Laboratory;2007. ORNL/TM-2007/157.
[3] Todreas N. Small modular reactors for producing nuclear energy:an introduction [Chapter 1]. In:*Handbook of small modular nuclear reactors.* Cambridge, UK:Woodhead Publishing;2014.
[4] *2015 Nuclear news reference special section.* Nuclear News, American Nuclear Society;March 2015.
[5] *Reactor concepts manual.* US Nuclear Regulatory Commission. Available at:http://www.nrc.gov/reading-rm/basic-ref/teachers/03.pdf and /04.pdf.

第 5 章
强化核安全

在本章,将开始探讨区分小型模块化反应堆(SMR)与大型反应堆的具体特点。在大多数情况下,设计中有意采用这些特点,以实现以下三个主要目标之一或多个:进一步增强核电站的安全性和适应性,提高核能的可负担性,或扩大其灵活性以用于更广泛的应用。虽然这些目标本身是有价值的,但是满足 SMR 所要达到的广大客户的需求和期望也十分必要。每个目标都将在单独的章节中讨论。在讨论第一个也是最重要的特征增强安全性之前,我需要先从一些基本的 SMR 术语和说明开始。如果在阅读了接下来的几章后,仍然需要获得有关 SMR 的更多技术细节,建议查阅《小型模块化核反应堆手册》(*Handbook of Small Modular Nuclear Reactors*)[1]。

5.1 小型模块化反应堆的基本术语

通常意义上讲,"小型模块化反应堆"定义是指功率容量标称小于 $300MW_e$ 的反应堆,其物理尺寸足够小,可以在工厂制造并运输到核电站进行多个相同机组的安装和运行。选择 $300MW_e$ 作为输出容量的上限是源于国际原子能机构(IAEA)长期使用的术语标准,该术语标准将"小"定义为输出容量在 $300MW_e$ 以下。美国《2005 年能源政策法案》正式定义了该术语标准:允许将多模块核电站在赔偿和保险责任方面视为一个整体,只要每个模块的功率水平低于 $300MW_e$[2]。关于"模块"一词,核能界发现一些专业人员将该术语标准与"模块化建造"相混淆。模块化建造技术在许多行业中很常见,并且已开始应用于大型核反应堆建造项目中。SMR 的目的是将传统的模块化建造扩展到核反应堆系统本身,以便可以完全在工厂中进行制造。言下之意,SMR 电厂应该具有多个统一运行的核模块,尽管一些供应商建议 SMR 电厂仅使用一个核模块。在我看来,这类似于我的孙子宣称他使用一块乐高积木建造一座房屋。

如第 4 章所述,在核反应堆类型中,"技术"一词最常用于指代从反应堆堆芯带走热量的主冷却剂。冷却剂的选择通常会影响整体设计,并在实质上影响反应堆系统中其他材料的选择,如燃料、燃料包壳、堆芯结构和反应堆容器。最常见的反应堆冷却剂是水(轻或重)、气体(氦气或二氧化碳)和金属(钠或铅合金)。SMR 不是一种特殊的反应堆技术,因为已开发的设计中使用了这些不同的冷却剂。相反,SMR 只是所选反应堆技术中的一种设计选择,即设计者限制反应堆输出能力的选择。这种选择可能会也可能不会影响电站组件的布置,但是设计的基本技术仍然主要取决于冷却剂的选择。

与大型核电站设计的"小版本"以及那些我喜欢称为"故意小巧"的设计相比,SMR 和它们的另一个区别是,它们的设计无法被扩展至大尺寸,而只能利用其小尺寸以实现特定的性能目标。前面章节中提到的一体化主回路系统反应堆布置是一个很好的"故意小巧"的反应堆特征的例子,并应用于许多早期和当前的 SMR 设计中。最重要的是,一体化布置为显著提高核电站安全性提供了机会,本章将对此进行深入讨论,而简化电厂则可以实现竞争性经济(第 6 章将进行讨论)。

SMR 令人困惑的一点是,商业机构和研究机构都提出了 SMR 大量的潜在应用,特别是对于 1~20MW_e 范围内的小型设计,有时也称为"微型模块化反应堆"。除了早期美国空军和陆军提议的小型核反应堆在军事上的用途,还有人提议 SMR 用于移动应急动力装置、太空旅行、游轮、无人"核电池"以及发挥创意想到的任何应用。随着应用的多样化,许多多样化的设计也应运而生,以满足不同应用的独特需求。以上所有核能的应用都很有趣,有些最终可能会实现。但是,我会继续关注固定电站发电和供热等较传统的应用。

值得一提的是,有一类 SMR 与传统的内陆核电站不同。这就是"移动式核电站"。这一类别是指俄罗斯正在开发的驳船式动力装置,用于为北冰洋沿岸的偏远社区提供电力和热能。目前,这些 SMR 来自为俄罗斯破冰船提供动力的核电机组。它们为偏远社区供电提供了一种快速的解决方案。实际上,第一艘载有两个 35MW_e 小型核反应堆的驳船正在圣彼得堡建造。美国在移动式核电站方面的唯一经验是美国舰船"斯特吉斯"号(USS Sturgis),作为美国陆军核电计划的一部分已在第 2 章对其进行了简要讨论。"斯特吉斯"号浮动核电站只包含一个 10MW_e 的核反应堆,为巴拿马运河提供了数年电力。

5.2 安全与核能产业

核电站的安全性最初在 20 世纪 70 年代初被提及,部分原因是由业界领导的一项研究,目的是评估反应堆事故的统计概率。反对者很快抓住了这一信息,并从那时起一直将对话推向消极的方向。尽管所有证据都与此相反,但核工业对核电站安全的辩护却使这种看法根深蒂固。实际上,核电站非常安全。无论你选择何种指标,核工业在保护工作人员和公众方面是拥有最佳纪录的行业之一。

地质学家朱迪思·赖特(Judith Wright)和詹姆斯·康卡(James Conca)于2007年出版了一本书,详细介绍了在可预见的未来可能组成美国能源结构的各种能源的特征[3]。在他们的《能源地缘政治》一书中,他们谈到了几种关于核电的常见误解,包括安全问题。表5.1的数据来自他们对2001—2006年美国死亡人数的评估,并给出了美国每年由于所列实践行为而造成的平均死亡人数。"医源性原因"对我来说是一个新名词,因其导致的死亡是医疗程序中意外和无法解释的结果。抽烟、酗酒和交通事故位居前列不足为奇——大多数人都认为会是这样。核能排在最后一点也不令我感到意外,但我想知道有多少人对其风险有不同的看法。

表5.1　2001—2006年美国平均每年死亡人数[3]

实 践 行 为	死亡人数/人
医源性原因	190000
抽烟	152000
酗酒	100000
交通事故	50000
枪支	31000
煤炭的使用	6000
建筑施工	1000
打猎	800
警察事务	160
核能的使用	0

作为安全性的第二个指标,赖特和康卡还提供了来自美国职业安全与健康管理局(Occupational Safety and Health Administration,OSHA)的数据,比较了制造业、金融业(包括保险业和房地产业)及核能业3种不同行业的非致命伤害,如图5.1所示。鉴于核电站是大型、复杂的设施,需要对工业规模的设备进行持续的运行和维护活动,因此核工业极低的伤害率是一个非常有说服力的指标。

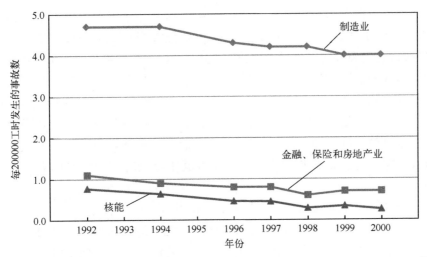

图 5.1　美国职业安全与健康管理局统计的三种行业事故发生率(1992—2000 年)[3]

康卡在《福布斯》上发表了一些数据，根据直接死亡人数和几个卫生组织的流行病学估计，比较了几种不同发电技术的全球死亡率[4]。以发电总量进行标准化，数据显示，全球煤炭发电造成 170000 人/(TW·h)死亡、天然气造成 4000 人/(TW·h)死亡、风能造成 150 人/(TW·h)死亡、核能造成 90 人/(TW·h)死亡(包括切尔诺贝利事故和福岛事故)。我对这些数字持保留意见，因为流行病学研究必须对刺激(如辐射暴露或碳吸入)与相应的健康影响之间的潜在关系做出许多假设。这些假设可能不会达成一致，有时会在技术界引起激烈争论。虽然对确切的数字仍有争议，但相对数字可表示与每种能源相关的风险比例。

鉴于核工业卓越的安全记录已经在过去数十年的全球经验中得到了充分证明，我不理解为什么包括工业倡导者在内的许多人仍然对核能的安全性提出质疑。是时候继续前进了。然而，我必须承认，核电站的运行在两个方面相对特殊，且这两方面是导致人们对风险总体看法的主要原因。首先是辐射：一种无形、无色、无味的对人类健康的威胁。在我的整个职业生涯中，我一直在研究和处理辐射问题，我对其风险非常放心。但有些人不这么认为，我能理解他们的担忧。核工业致力于确保工作人员和公众不会受到过量的辐射。我们暂且不谈由低水平辐射暴露与健康影响之间的相关性引发的激烈争论，只要承认对风险的认知是真实存在的就足够了，我们业内人士必须尊重这一点。

核电站安全的第二个挑战是，反应堆事故通常发生在很长的一段时间内——可能数周甚至数月。这是由于核反应堆堆芯的基本物理原理：在反应堆"关闭"后很长一段时间内，堆芯仍继续产生热量。这种现象在 2011 年的日本得到了淋漓尽致的体现。3 月 11 日发生的大地震和海啸在数小时内基本结束，

小型模块化反应堆——核能的昙花一现还是大势所趋
Small Modular Reactors: Nuclear Power Fad or Future?

但是福岛第一核电站6个机组中受损的4个机组连续数天引起了全世界的关注,然后持续了数周,在此期间紧急救援人员努力冷却受损的反应堆[5]。反应堆燃料过热,由燃料包壳和冷却水之间的化学反应产生氢气。氢气泄漏到核电站的其他部分,并在事故发生的前几天里引发了多次爆炸。过热和暴露的燃料将辐射释放到冷却水中,然后泄漏到大海中。放射性气体也直接排放到大气中,并污染了大片土地。尽管与海啸造成的逾20000人丧生相比,反应堆事故的实际后果显得微不足道,但自然灾害引发的狂热报道最终转向了仍在发生的福岛核事故。媒体对福岛核事故的大量新闻报道使公众对核能风险的看法进一步恶化。

核能发展的先驱阿尔文·温伯格(Alvin Weinberg),他把核能比作一种"浮士德式交易",它提供了很多好处,但在使用过程中需要承担很多责任。整个核工业都非常认真地承担这一责任,并通过广泛的国内外组织网络来履行这一责任,这些组织有助于促进和监测核电站的安全运行。实现核电站安全的第一步,也可能是最重要的一步,就是设计具有最低风险的电厂。正如将在5.3节中讨论的那样,小型反应堆,尤其是特意设计的小型反应堆,代表了在此方向上的重大进步。

5.3 超越安全设计

电站的安全性不由设计者决定,这是监管机构设定的期望值。设计者必须以令人信服和充分的方式开发出满足这些期望的设计。监管机构制定的安全标准应集中于合理保证对工作人员和公众的充分保护。人们经常提到的对核安全的关注,与其说关注其实际安全,不如说是对其风险的认识,这种风险既有技术基础又有情感因素——有时是非理性的。例如,一个人可能太害怕而不敢登上一架商业客机,但却会毫不犹豫地跳上家用车,后者是一个风险更大的行为。

美国核管理委员会在其既定的安全标准上设定了极高的标准,它常被称为全球核监管的"黄金标准"。所有通过NRC认证的反应堆设计均符合这些严格的标准。新核电站设计的趋势是,无论大小,都要以更有保障的方式达到NRC的安全标准,主要手段是尽可能利用物理基本定律,而非依赖于只有通过操作人员干预和持续电力供应才得以运行的工程系统。这样一来,电厂自然会更具灵活性,从而可以应对意外。

即使所有现役电厂均已获得许可,因此根据NRC的标准被认为是"安全的",但继续提高新核电站设计的安全水平仍然是可取且恰当的。我记得我决定在自己的第一辆汽车(1991年的福特猎鹰)上安装前安全带,是因为这样做似乎更安全。我买的最后一辆新车在所有乘客位置都配备了完整的安全带、12个安全气囊以及许多其他隐藏的安全保护装置。它的安全等级是个重要"卖点"。

像汽车一样,不断提高核电站的安全性也是有意义的。但是,将其视为超越安全设计可能具有启发性。这就需要引入新的术语,即"安全"概念的扩展。我经常使用术语"稳健性"来描述这种特性。"安全"与保护工作人员和公众有关,而"稳健"指的是保护电厂本身——确保在重大事故之后不会损失财务投资和发电能力。1979年发生在宾夕法尼亚州三哩岛核电站的事故对工人或公众没有造成直接影响(极端焦虑除外)。然而,反应堆堆芯的损坏造成了机组的全部损失,对电厂所有者来说是一场财务灾难。换句话说,如果一家电厂能够在重大事故中幸免于难,那么工人和公众的保护也将得到保证。意识到这一区别,许多SMR设计人员不局限于人身安全,还要保证电厂稳健性,从而保证设备安全。

设计选择会影响其安全特性及稳健性。比较精致的葡萄酒酒杯和啤酒杯,两者基本上都用于提供酒精饮料,但啤酒杯坚固得多。同样,可以在设计工程系统时考虑或不考虑稳健性。再次使用汽车进行类比,越野车的设计比精心调整的跑车更稳健。重型悬架、一个加固的框架,甚至一个防滚架,都可帮助越野车在更大范围的使用(和滥用)场景中幸存下来。许多SMR设计人员都了解这一原则,并为显著提高设计稳健性这一高级目标专门进行设计,即使他们将其表述为增强的安全性。根据我的经验,马里奥·卡雷利(Mario Carelli)在IRIS设计中采用"设计保障安全"的方法达到此目的,而Jose Reyes则正为NuScale设计这样做。其他人也是如此,但是由于我曾与IRIS和NuScale的开发人员一起工作过,并且对这些设计有更深入的了解,因此我更理解其设计特征背后的动机。出于同样的原因,我将在下面的示例中更多地引用这两种设计,仅供参考。

5.4 稳健性设计

商业核电站是大型、复杂的设施,包含许多管道、泵、阀门、涡轮机、发电机和电气设备,类似于燃煤和燃气电站以及其他工业设施。整个电厂都需要标准的工业安全操作规范。此外,核电站有一种特有的危险:辐射。在正常运行期间,有两种主要的辐射源:一种是直接辐射,另一种是间接辐射。直接辐射(主要是中子和伽马射线)来自反应堆堆芯的裂变过程。这种危害非常严重,但仅在堆芯附近非常明显,且可以通过屏蔽材料很轻易地减缓。反应堆系统内的结构钢,甚至冷却水本身都能有效屏蔽直接的裂变辐射。间接辐射源于物质的"活化",

其中裂变中子使通常稳定的物质转变为不稳定的物质,并使其发出二次辐射(主要是伽马射线)。虽然产生的辐射强度远低于直接堆芯辐射,但可以通过循环冷却剂迁移到核电站的其他位置,这会造成更大的污染危害。在这两种情况下,危害预防和减轻的策略都已得到很好的理解,并作为电厂设计和运行程序的一部分加以实施。

对核电站来说,真正担心出现的问题是非常严重的事故,例如三哩岛、切尔诺贝利和福岛核电站。在一次核会议的开幕全体会议上,NRC前主席尼尔斯·迪亚兹(Nils Diaz)谈到了核电站安全这一话题并发表了以下声明:"我们唯一要做的就是冷却核芯,其他一切都是轻而易举的事。"[6]他指的是反应堆的衰变热,我在本章前面简要讨论过。如果在裂变过程停止后很长一段时间内继续产生的持久性余热没有得到有效消除,那么反应堆燃料及其保护性金属包壳的温度将超过可接受的极限。此时,包壳将失效,核燃料将释放大量固体和气体放射性物质,放射性物质进入反应堆系统并可能释放至环境中。用迪亚兹的话来说,反应堆的安全性(和稳健性)归结为确保在所有情况下(无论是否预料到)都可以消除衰变热。

较小规模的反应堆为解决热量排出这一首要问题提供了更多的选择,显而易见的原因是有较少的衰变热要消除。不同的SMR供应商选择了各种方法来利用这一优势。尽管供应商之间存在许多设计差异,但许多SMR共享一组通用的设计原则,以增强电厂的安全性和稳健性。最高级的原则包括:①尽可能多地消除可能引发严重事故的特征;②对于那些无法消除的特征,降低发生事故的可能性;③设计系统以大幅减轻剩余潜在事故的后果。国际原子能机构(IAEA)在2009年发布的一份报告中对中小型反应堆的所有设计特征进行了全面回顾[7]。下面将介绍一些有助于实施这些原则并实现更高水平的核电站稳健性的具体特征,重点会介绍水冷反应堆,虽然其并非唯一选择。

5.4.1 非能动安全系统

在前面的章节中我已经使用了术语"被动"安全("非能动"安全),但没有做太多解释。该术语在下面的论述中会大量出现,因此对其进行更全面地解释可能很有用。最初的商业核电站几乎完全使用"主动"安全系统("能动"安全系统),即需要操作员行动及某种形式的动力(如电力)来实现安全功能的系统。从20世纪80年代开始,人们对设计不需要操作员启动和电力的安全系统颇有兴趣。结果就是开发了非能动系统,该系统仅使用自然力,如热传导和重力来启动和运行。用我最喜欢的汽车工业进行类比,防抱死刹车和电动车窗都是能动系统,因为驾驶员必须踩下踏板或按下按钮才能启动。相反,5英里保险杠和碰撞触发的安全气囊是被动系统。在核电站中，备用给水泵和电动阀是主动系统的代表。被动系统的一个例子是在事故情况下，甚至在正常运行期利用冷却剂的自然对流从反应堆堆芯中带走热量。自然对流本质上是重力的作用——水在加热时变轻并上升，然后冷却时变重并下降。正确放置热源和散热器可以在没有泵的情况下产生自然循环流动。

核电站范围内被动和主动的正式定义并不精确，并且在权威来源之间有所不同。IAEA 提供了完全被动系统和完全主动系统之间的分级标准，具体取决于用于启动系统的触发器的性质和用于操作系统的动力[8]。我不会给出我的定义来增加困惑，但是可以说，被动系统相比主动系统的可取之处在于它们通常更可靠——重力始终存在。由于设计人员不必针对每种可能的非正常工况做确定性的计划，因此这增加了电厂的稳健性。但是，自然力可能相对较弱，而且是恒定的。这就要求反应堆的设计要适应自然力，而非相反。同样，被动系统在反应堆堆芯中产生热量相对较小且易于管理的小型反应堆中工作得更好。这并非完全正确，已有明显的大型反应堆的实例，它们充分利用了被动系统，特别是西屋电气公司的 AP-1000 和通用电气公司的 ESBWR。然而，SMR 能够扩展这种方法，并使用几乎完全被动系统来为设计提供安全性和稳健性。你将在下面看到许多这样的例子。

5.4.2 主回路系统组件的布置

在影响反应堆总体稳健性的关键反应堆系统组件布置方面，反应堆设计人员可进行多种选择。最常见和重要的选择是使用一体化布置，其中所有或大部分主要系统组件都包含在一个容器中。很难想出一个好的关于汽车的类比，我能想到最好的类比是传统的环路型布置类似于附有一个或多个挎斗的摩托车，而一体化布置就像每个人都安全地坐在家庭轿车里。关键是一体化布置消除了许多外部缺陷，类似于挎斗的潜在脱离。

一些美国和国际上的 SMR 设计使用了一体化压水反应堆（iPWR）设计。这种关键的设计简化特征，对于提高安全性和降低电厂成本至关重要。主容器有限体积是故意保持反应堆较小输出的主要特征。最重要的是，一体化设计消除了大型管道破裂冷却剂损失事故带来的严重后果。此设计还极大地减小了反应堆压力容器的贯穿尺寸，因此如果其中一种贯穿发生破坏，它能限制冷却剂从容器中排出的速度。在典型的 iPWR 中，穿过反应堆容器的最大管道直径为 5~7cm，这是内部蒸汽发生器的给水入口和蒸汽出口所需要的尺寸。这与大型环路型 PWR 中连接反应堆容器和外部蒸汽发生器容器的直径为 80~90cm 的管道形成对比。图 5.2 给出了这两种主系统布置类型的概念比较。

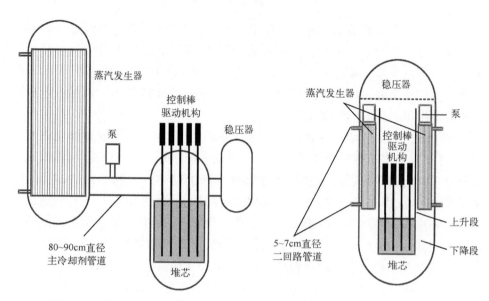

图 5.2 环路型(左)和一体化(右)压水堆的对比,省去了大尺寸主冷却剂管道

第一个(也是唯一的)商业 iPWR 是在奥托·哈恩号核动力商船上,该船于 1968 年投入使用,由 35MW 一体化反应堆提供动力[9]。在 20 世纪 80 年代后期,320MW_e SIR 设计由英国原子能机构、燃烧工程公司、斯通-韦伯斯特公司和罗尔斯·罗伊斯公司联合开发[10]。SIR 设计是为应对早期大型环路型压水堆遇到的安全挑战而专门开发的,是过去几年中出现的许多 SMR 设计的前身。非水冷式 SMR 也可以使用一体化布置。在金属冷却和盐冷却反应堆中,这种布置通常称为"池式"结构,但在功能上与一体化布置相同。

将所有主回路系统组件一起装到一个容器中有许多与安全相关的优势。

(1) 消除了所有大型冷却剂管道。与环路型压水堆中大尺寸(直径为 80~90cm)的管道相比,只有较小尺寸(直径为 5~7cm)的给水和蒸汽出口管道穿透主容器壁。较小尺寸的穿透孔会显著降低管道破裂后主冷却水从容器中逸出的速度,从而延迟了因冷却剂损失事故而带来的潜在后果。

(2) 通常,热交换器放在堆芯上方,形成一个相对较高的系统,从而在冷却剂泵发生故障的情况下,有助于主冷却剂形成更有效的自然循环。一些设计中具有足够的自然循环流量,能完全取消主冷却剂泵,仅依靠自然循环就能正常运行。这种方法完全消除了与泵故障相关的事故情况。

(3) 所有的主冷却剂都包含在一个容器中,该容器必须相对较大(高)才能容纳所有主回路系统组件。这使得容器内单位功率冷却水装量比外部环路型 PWR 大得多,并增加了系统的总热容量和热惯性。反过来,这会降低系统对堆芯温度瞬变的响应速度,延长了电厂控制系统和操作人员对瞬变发生的响应时间。例如,NuScale模块中的单位功率主容器水装量大约是传统环路型PWR的4倍。

(4) 主容器内蒸汽发生器的存在提供了一个内部便于使用的排出衰变热的散热器,有助于在二次系统中实现非能动排热。

(5) 堆芯上方扩大的区域,可以在内部布置控制棒驱动机构(CRDM),从而消除了另一种潜在的严重事故:控制棒意外被向上推出反应堆堆芯而导致的弹棒事故。对于内部CRDM,控制棒的运动受上部容器内部组件的约束。内部控制杆驱动机构使控制棒的运动受到上方容器内部组件的约束。内部CRDM还减小了反应堆容器顶部的穿透数,从而降低了在2008年戴维斯-贝斯核电站险些发生事故的可能。在这种情况下,冷却水中的硼酸从控制棒贯穿的密封处泄漏,腐蚀了容器材料[11]。只有一层薄的不锈钢内胆防止容器压力边界处的爆炸。一些iPWR设计利用了此特征,而另一些使用了外部CRDM。

(6) 在某些iPWR设计中,由于蒸汽发生器从反应堆堆芯径向向外布置,因此在反应堆堆芯与主容器之间存在较大的下降区。该区域中的水可有效屏蔽直接辐射,并降低反应堆容器的辐射暴露。这降低了容器材料的活化水平,并降低了另一个主要的安全问题:由辐射引起的反应堆容器脆化导致的加压热冲击。

一体化设计的主要缺点是将反应堆限制在相对较小的功率水平,也就是说,它迫使反应堆变得"小巧"。超出一些实际的限制,可能在300~400MW_e范围内,容器的尺寸将变得过大而无法制造和运输。为了弥补其尺寸无法按比例缩放的缺陷,iPWR的设计人员转而通过复制来放大规模,因此人们对小型模块化反应堆非常感兴趣。例如,NuScale设计[12]使用12个50MW_e的iPWR模块组成其参考核电站设计,而巴威公司的mPower设计[13]使用2个或4个180MW_e的模块组成SMR电厂。

设计高纵横比的主系统组件可通过促进主冷却剂的自然循环来提高安全性和稳健性。在iPWR的情况下,将所有主系统组件容纳在一个容器中,同时将容器直径限制在卡车或铁路运输的极限范围内,结果是iPWR反应堆容器比环路型PWR按比例变高。例如,典型的大型PWR的容器高度与直径之比(纵横比)约为3.0,而大型沸水反应堆(BWR)的容器高度与直径之比约为2.0。相比之下,NuScale和mPower设计的纵横比在6.0~6.5之间。纵横比的增加可提高冷却剂重力驱动自然循环的形成,从而增强堆芯的排热,并提供有效的手段将热量传递到所谓的"最终散热器",即使驱动冷却液循环泵的动力已经丧失。在某些iPWR设计中,如NuScale,自然循环驱动力设计得足够强,可以作为全功率运行的堆芯冷却机制,从而完全消除了对泵的需求。Holtec SMR-160的设计也使用自然循环进行常规操作,尽管它不是严格的 iPWR 布置。它通过将蒸汽发生器放在非常高的容器中来实现,该容器位于独立的反应堆容器上方并与之紧密相连。表 5.2 总结了美国传统环路型 PWR 与 iPWR 设计的纵横比参数对比。

表 5.2 传统环路型 PWR 和现有的几种 iPWR 设计的反应堆容器尺寸比较

参　数	环路型 PWR	iPWR		
		NuScale	mPower	W-SMR
高度/m	13.4	17.4	25.3	24.7
直径/m	4.6	2.9	3.9	3.5
纵横比	2.9	6.0	6.5	7.1

5.4.3 衰变热排出(余热排出)

如本章前面所述,反应堆堆芯中衰变热的持续产生是核电站的显著特征,也是大多数核电站安全性和稳健性考虑因素背后的驱动力。在关闭反应堆后,必须在持续一段时间内从反应堆堆芯中除去反应堆衰变热,以免燃料熔毁。如果燃料没有损坏,那么燃料中的强放射性物质不会泄漏。衰变热功率大致与反应堆的总功率成正比。因此,一个 150MW$_e$ 反应堆的衰变热功率是 1500MW$_e$ 反应堆的 1/10。需要注意的是,即使小型反应堆模块的衰变热功率比大型反应堆机组的衰变热功率小,但衰变热仍然可能很大,除非通过一个或多个途径充分散热,否则燃料将会烧毁。然而,产生较少的衰变热为有效散热提供了许多设计选项,这是 SMR 设计中的一个关键原则。

坏消息是衰变热持续很长时间,好消息是它会很快下降至较低水平。在图 5.3 中我估算了在满功率运行 2 年后关闭的第 1 个小时内,NuScale 尺寸模块的近似衰变热。通过假设全功率为 160MW$_{th}$ 并使用经典教科书公式计算衰减热功率从而得到此曲线[14]。在第 1 秒内,热功率下降至大约 6MW$_{th}$,相当于全功率水平的 6%。在 1h 后,热功率小于 2MW$_{th}$,且继续随时间缓慢下降。使用相同的公式,功率在 30 天后小于 400kW$_{th}$。NuScale 安全分析经理肯特·韦尔特(Kent Welter)喜欢将这种热量比作"几百个吹风机"。

由于 SMR 堆芯的额定总功率较低,因此衰变热将成比例地减小至更易通过自然循环方式排热的水平。如上所述,许多 SMR 的高容器结构增强了冷却剂通过堆芯的自然循环,从而将热量传递到内部热交换器或容器表面。而且,较小的堆芯体积使衰变功率更有效地传导至反应堆容器。这是由于较小的堆芯半径使堆芯中心线(堆芯最热的部分)到反应堆容器的传导路径更短。与大型 PWR 中多达 250 个组件和大型 BWR 中超过 800 个组件相比,许多 SMR 堆芯中的标准燃料

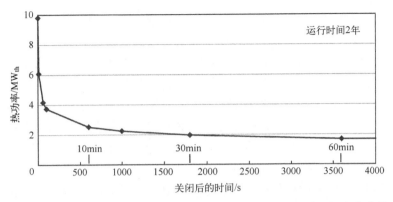

图 5.3　连续运行 2 年的 NuScale 尺寸模块关闭后,热量随时间的变化曲线

组件少于 70 个。即使改进了堆芯到容器表面的热对流和热传导路径,还需要对容器进行额外的外部冷却,从而将热量传递至最终的散热器,通常是地面或大气。

　　幸运的是,对于较小的系统来说,从容器外表面排热更为有效,这得益于其基本几何结构。这一优势是由于堆芯功率和衰变功率都与堆芯体积成正比,而堆芯体积是有效堆芯半径立方的函数。另一方面,从容器外表面排出的热量与容器表面积成正比,表面积是容器半径平方的函数。随着系统尺寸的缩小,堆芯体积的减小速度快于容器的表面积,或者更简单地说,表面积与体积的比值增大。随着表面积/体积比值的增加,通过容器外表面散热的相对效率也随之提高。因此,大多数小型反应堆设计都能够使用完全非能动的水回路或空气回路自然对流以冷却容器的外表面,从而轻松排出衰变热。表 5.3 比较了传统环路型 PWR 和 3 种 iPWR(与表 5.2 中所列相同)设计的反应堆容器表面积和功率特性。

表 5.3　环路型 PWR 和现有几种 iPWR 设计的反应堆容器表面积和功率比较

参　　数	环路型 PWR	iPWR		
		NuScale	mPower	W-SMR
功率/MW_e	1200	50	180	225
表面积/体积/m^{-1}	1.02	1.49	1.10	1.22
表面积/功率/(m^2/MW_e)[①]	1.0	18.4	9.1	7.2

① 与传统环路型 PWR 设计值相比。

5.4.4　其他设计特征和选择

　　由于反应堆的小巧,还有许多其他 SMR 设计特征和选择可以增强核电站的安全性或稳健性。最重要的是,核电站的主要辐射危害——反应堆堆芯中的放射性核素存量,与核反应堆的功率水平大致成正比。因此,150MW$_e$ 反应堆堆芯中的放射性核素量只有 1500MW$_e$ 反应堆的 1/10。假定在事故中释放的辐射危害量被称为"源项",综合考虑了放射性核素存量和其潜在释放途径。SMR 除了本质上具有较小的放射性核素存量外,其某些设计中还增加了额外的屏障以减少和延迟裂变产物的释放,从而大大减少事故源项。这些措施可能包括将安全壳浸入水中,并用额外的防护性建筑将多模块电站中的多个安全壳包围起来。多模块核电站,即由若干个 SMR 机组组成的电厂,其放射性核素存量将成比例增加,具体取决于模块的数量。但是集体源项不大可能随模块数量增加呈线性变化。只有当所有模块都经历了完全相同的事故场景和完全相同的深度防御系统故障时,才会出现这种情况。实际上,这种情况发生的可能性非常低。一个真实的例子就是日本的多机组福岛核电站。6 个机组中有 4 个机组遭受了相同的地震和海啸,但各机组系统故障的严重性和时间差异很大。

  一些 SMR 设计中的核电站占地面积较小,这使得完全在地面以下建造主反应堆系统在经济上更具可行性,从而显著增强了其抵御飞机或自然灾害等外部影响的能力。例如,W-SMR 设计的安全壳体积是西屋 AP-1000 安全壳体积的 1/23,这使得核电站安全系统的占地面积大大减小[15]。除了增强安全系统抵御外部影响的能力外,地下建筑有利于减少严重事故发生时裂变产物释放的路径。

  堆芯的几何形状也有助于实现稳健性更强的设计。在某些情况下,仅减小堆芯的尺寸(和功率)可能不足以采用非能动的方式完全排出衰变热。高温气冷反应堆(HTGR)就是这种情况,其中使用氦气而不是水作为主要冷却剂。在通用原子能公司最初的 HTGR 设计中,其功率水平为 2240MW$_{th}$,但后来减小到 600MW$_{th}$ 以提高其安全性[16]。然而,即使在此功率水平下,也很难仅依靠自然物理定律来保证足够的衰变散热,这主要是由于氦冷却剂的低热容。例如,在强迫流量丧失事故中,氦冷却剂的自然循环能够去除部分但不是全部衰变热。剩余部分必须输送至反应堆压力外壳。相对较大的堆芯直径使堆芯中心和容器表面间形成非常长的径向传导路径。这就导致堆芯中心线处的温度过高。通用原子能公司没有减小堆芯外径,而是为其模块化高温反应堆(MHR)采用了环形堆芯设计[17],其中堆芯的中心部分替换为无燃料石墨慢化剂,如图 5.4 所示。环形堆芯设计显著缩短了堆芯热点与反应堆容器之间的热传导路径,且中心区域附加的石墨慢化剂增加了系统的热惯性,从而提升了对强迫流量丧失事故的响应能力。通过这种堆芯结构,可以通过在反应堆容器外表面进行被动冷却来消除衰变热。

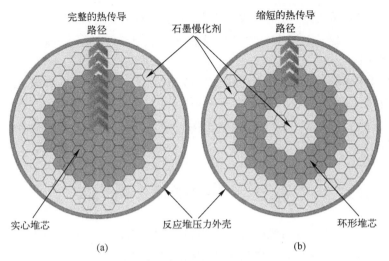

图 5.4 实心堆芯 HTGR 和采用改进的被动衰变热排出方法的环形堆芯 MHR 对比
（a）实心堆芯 HTGR；（b）环形堆芯 MHR。

蒸汽发生器的传统方法是使主冷却剂在蒸汽发生器管道内循环,使管道外部的二次侧水(称为壳程)发生沸腾。由于一次侧水的压力高于二次侧,因此管侧的一次侧水流使管道处于拉应力状态,并可能导致管道破裂,从而将具有潜在放射性的一次侧水引入电站的二次侧。一些 SMR 设计,如 IRIS 和 NuScale,则改变了此布置形式。通过调换蒸汽发生器中一次侧和二次侧流的位置,使运行中的管道处于受压状态,从而降低了管道破裂的可能性,尽管存在管道破坏的可能性。这种设计选择有望降低蒸汽发生器的预期故障率,并减少蒸汽发生器检查、维修和更换过程中的辐射暴露。

在 SMR 设计中,最著名的是 NuScale 设计,在反应堆压力容器和安全壳之间有一个真空区域。在正常运行过程中,真空区域就像一个热水瓶,不需要安全壳保温层,而这在传统电厂中是一个挑战。需要担心的是保温材料会随时间推移而退化,并发生分解,从而导致保温材料纤维类碎片堆积在安全壳的底部。在需要使用安全壳水来消除衰变热的事故中,纤维会堵塞水池过滤器并阻碍水循环。在安全壳内部使用真空(仅对小容量安全壳可行),完全消除了堵塞水池的风险。

最后,一些水冷式 SMR 设计选择从主冷却剂中去除可溶性硼以增加安全性。传统的大型电厂在主冷却剂中加入硼可以补偿核燃料消耗以及燃料全寿期过程中吸收中子的裂变产物积累所引起的反应性变化。去除可溶性硼有两个重要优点:①如果由于任何原因(如意外沸腾或流动阻塞)出现冷却水缺乏,则它提供了非常有利的反应堆控制反馈机制;②避免了类似戴维斯-贝斯(Davis-

Besse)电厂发生的硼酸腐蚀问题。但是,如果不使用可溶性硼,则必须提供其他形式的反应性控制,如固态可燃毒物或额外的控制棒。必须仔细评估替代方法的安全影响。

这些共同的设计选择带来的附加抵抗力的累积效应是,单个反应堆模块和整个SMR核电站都应能在更大范围的极端条件下生存。反过来,这将有助于确保工作人员和公众的安全,也将有助于保护电厂所有者的投资和发电资产的持续可用性。

5.5 应对福岛事故的抵抗力

核工业不断吸收运营经验,以提高现有电厂和新电厂的安全性和效率。尤其是要从重大事故或险些发生的事故中吸取经验教训。2011年,日本福岛第一核电站的4个商业核电机组被毁,这已经对全球现有核电站的安全和应急准备工作产生了重大影响。例如,在福岛事故发生后几周内,欧洲理事会要求对欧盟所有核电站进行详细的安全和风险评估。西欧核监管协会(WENRA)迅速为核能"压力测试"制定了规范,随后欧盟以外多个国家的反应堆均开展了该测试[18]。在美国,核能研究所(NEI)整理了核能行业所做的工作,提出了增加现役核电站多样性及灵活应对(FLEX)的策略,从而减轻极端事故的后果。FLEX策略包括增加在紧急情况下用于储存、保护和调度设备的移动应急设备和程序[19]。

在福岛核事故发生一年后,美国核学会(ANS)在一份特别委员会报告中对福岛核事故及其诸多影响进行了出色的总结[5]。这次事故使与SMR开发和部署特别相关的4个主要考虑事项成为焦点。由于SMR仍处于设计阶段,因此它们能够从福岛事故中最大程度汲取教训并从中受益。与SMR特别相关的主要考虑事项如下。

(1) 低概率事件仍然可能发生。
(2) 依靠电力防止燃料损坏是一个极大的弱点。
(3) 设计24h甚至72h的宽限期可能不够。
(4) 具有多个反应堆机组的核电站需要考虑事故从一个机组发展至其他机组的潜在影响。

我将按顺序谈谈这些重要的考虑因素。首先,对于低概率事件,监管机构要求反应堆设计者有说服力地证明核电站可以在严峻的恶劣条件下生存。这些假定的不正常状态的集合称为核电站的"设计基准"。福岛核电站的状况超出了其设计基准,特别是15m高的海啸导致了"超设计基准"的事故情况。设计一种能承受所有可能发生事件的电厂是不切实际的,无论多么不可能(极端的例子是直接被陨石撞击)。面临的挑战是设计足够稳健的电厂,使其极大可能在意外的严重事故中生存下来,同时能保持核电站的经济可行性。传统上,这种更高水平的稳健性是通过采用多层冗余的备份系统来实现的,被称为"纵深防御"。大多数 SMR 保留了纵深防御策略,同时通过消除设计漏洞并依靠自然力运行备用系统来提供额外的稳健性。

在极低概率的情况下,很难定义适当地衡量电厂稳健性的指标。一个常见的指标是"堆芯损坏频率"(CDF),它是导致严重堆芯损伤的事故序列的统计学概率。NRC 要求新的反应堆设计的 CDF 要低于 0.0001,即预计在 10000 年内不会发生一次堆芯损坏。最新大型电站设计的 CDF 似乎要低 1~2 个数量级(可能性较小)。一些正在开发的 SMR 设计所报数值又要低 1~2 个数量级,即在近 10 亿年中可能会发生一次堆芯损伤事故,我称之为稳健性。如果新的 SMR 能够兑现这一要求,它们将对诸如福岛核电站所经历的恶劣环境具有更强的抵抗力。

福岛核事故强调的第二个考虑是,在发生反应堆事故时,确保备用电力的重要性。此弱点众所周知,设计人员提供了冗余的备用电源选项,其中包括紧急柴油发电机和安全级电池(数量很多)。为了运行循环冷却水的泵,以及运行将各种冷却水源引至所需位置的阀门,动力是必需的。对于核电站这一弱点,一种更简捷的解决方案是消除对备用电源的需求,至少消除对维持反应堆堆芯冷却功能的需求。由于 SMR 内的衰变热量较小,因此将反应堆系统设计为在较长时间和可能的无限时间内不需要备用电源是可行的。至少有两种 SMR 设计声称可以做到这一点。在我最熟悉的 NuScale 设计中,通过完全消除主反应堆系统中的泵,并将整个模块直接浸入在一个大水池中以确保热量从反应堆堆芯流向最终的散热器,从而实现这一点。

第三个考虑因素与上一个问题有些关联,它是"宽限期"的广义概念。宽限期是指事故发生后无须外部电源、补给水或操作员采取任何措施即可维持设备处于安全状态的时间长度。传统上,24h 被用作可接受的宽限期,尽管新电站预计提供 72h 的宽限期。福岛事故表明,在严重事故情况下,可能需要超过 72h。毁灭性的海啸使紧急救援人员很难进入核电站。为处理 4 个大型反应堆机组的事故进展,需要采取许多行动,可用的少数工作人员承受着沉重的负担。考虑到这一挑战,并且由于 SMR 中的热负荷和放射性核素存量较小,若干设计似乎已达到数周的严重事故宽限期。至少有一种设计(NuScale)提供了无限的宽限期,这主要是由于其模块尺寸仅有 $50MW_e$,以及其简化的应急堆芯冷却系统具有故障-安全特性。

由于 SMR 具有更强的稳健性，前 3 个考虑因素倾向于使用 SMR，而第 4 个考虑因素，即多模块核电站中跨机组的影响，则强调了对某些 SMR 的潜在挑战。这个问题在福岛事故中主要体现在两个方面：①核电站有限的劳动力在试图处理经历极端失常条件的 4 个反应堆机组时负担过重；②一个机组内由于堆芯过热产生的氢气渗入相邻机组，从而引起爆炸。事故发生后不久，我的许多同事就说，福岛核电站的经验可能会阻止进一步考虑使用多模块 SMR。幸运的是，一种更为深思熟虑的反应出现了，分析多模块效应的新方法正在开发中。我认为，福岛核电站的根本问题在于，从未将其视为拥有 6 个模块、4700MW$_e$ 功率的多模块核电站。相反，它被视为具有独立风险的 6 个独立的核电站。多模块 SMR 供应商必须在整个设计阶段充分解决模块之间潜在的相互依赖和相互作用的问题。我的观察是，在福岛核事故之前，供应商就已经意识到这个问题了，而日本的经验只是生动地提醒了人们不这样做的后果。

5.6 安全性能总结

关于核电站的安全性以及 SMR 必须提供更高水平的稳健性，还有很多可以说。我认为，提高稳健性是 SMR 能给核工业带来的最大好处。将对话从"安全性"转变为"稳健性"将是发展新方法和新指标的重要一步，这些新方法和新指标将使业界能够自信地提高新核电站设计的抗灾能力，以应对各种自然和人为的意外威胁。

大多数早期研究中都得到了类似的结论，SMR 可以提供出色的安全性和稳健性。然而，这些研究始终关注的是，提高安全性是有代价的，而这个代价就是经济竞争力和生存能力。我不同意这个普遍的结论，在第 6 章中，我将说明提高经济效益是 SMR 为核工业带来的重大好处的原因。

参考文献

[1] Carelli MD, Ingersoll DT. *Handbook of small modular nuclear reactors*. Cambridge, UK: Woodhead Publishing; 2014.

[2] *Energy policy act of 2005*. United States Government; August 8, 2005. Public Law 109-58.

[3] Wright J, Conca J. *The GeoPolitics of energy: achieving a just and sustainable energy distribution by 2040*. North Charleston, SC: BookSurge Publishing; 2007.

[4] Conca J. *How deadly is your kilowatt?*. Forbes; June 6, 2012. Available at: www.forbes.com/jamesconca/2012/06/10/energys-deathprint-a-price-always-paid/.

[5] *Fukushima Daiichi: ANS committee report*. American Nuclear Society; March 2012.

[6] Diaz N. *Introductory remarks at the international congress on advanced power plants 2014*. April 2014.

Charlotte, NC.
[7] *Design features to achieve defense in depth in small and medium reactors*. International Atomic Energy Agency; 2009. NP-T-2.2.
[8] *Safety related terms for advanced nuclear plants*. International Atomic Energy Agency; 1991. TECDOC-626.
[9] Nuclear ship 'Otto hahn'. *Atomwirk Atomtech* 1968; **13**: 294-330.
[10] Matzie R, et al. Design of the safe integral reactor. *Nucl Eng Des* 1992; **136**: 73-83.
[11] *Davis-Besse reactor pressure vessel head degradation: overview, lessons learned, and NRC actions based on lessons learned*. U.S. Nuclear Regulatory Commission; 2008. NUREG/BR-0353, Rev. 1.
[12] Reyes Jr JR. NuScale plant safety in response to extreme events. *Nucl Technol* May 2012; **178**(2): 153-64.
[13] Halfinger JA, Haggerty MD. The B&W mPower scalable, practical nuclear reactor design. *Nucl Technol* May 2012; **178**(2): 164-9.
[14] Glasstone S, Sesonske A. *Nuclear reactor engineering*. New York: Van Nostrand Reinhold; 1967.
[15] Memmott JJ, Harkness AW, Wyk JV. Westinghouse small modular reactor nuclear steam supply system design. In: *Proceedings of the international conference on advanced power plants (ICAPP), Chicago, IL*. June 24-28, 2012.
[16] LaBar MP. The gas turbine-modular helium reactor: a promising option for near term deployment. In: *Proceedings of the international congress on advanced nuclear power plants, Embedded Topical American Nuclear Society 2002 Annual Meeting, Hollywood, FL*. June 9-13, 2002. GA-A23952, 2002.
[17] Shenoy A, et al. Steam-cycle modular helium reactor. *Nucl Technol* May 2012; **178**(2): 170-85.
[18] *Peer review report: stress tests performed on european nuclear power plants*. European Nuclear Safety Regulators Group; April 25, 2012.
[19] *Diverse and flexible coping strategies (FLEX) implementation guide*. Nuclear Energy Institute; April 2012. NEI 12-06, Draft Rev. 0.

第6章
提高核能的经济可承受性

在确立核电的市场生存能力方面,经济性通常被认为仅次于安全性成为影响全球能源结构的主要因素。根据前面章节中核电行业出色的安全记录以及SMR具有进一步增强安全性潜力的相关论述,可以得出如下结论:经济性已取代安全性成为扩大核能利用范围的主要挑战和不确定性。由于缺乏SMR的建造和运营经验,并且核能行业普遍认为"越大越好"(或至少成本更低),对SMR不确定的市场生存能力的担忧进一步加剧。也许这就是近年来不同研究产生了大量证明或者反驳SMR经济可行性的原因。好消息是,不缺乏编写本章的资料;坏消息是,许多论文和报告的结果和结论是相当不同的甚至是相互矛盾的,并且常常对SMR基本原理缺乏清晰的了解。

准备本章内容对我来说是一个挑战,主要有以下两个原因。

(1)我没有接受过经济学方面的正规培训,并且对该学科的经验有限。

(2)我承认对经济研究的价值普遍存在负面偏见,尤其是那些试图预测未来成本和市场潜力的研究。尽管存在偏见,我还是花了很多时间调研文献,甚至参与一些经济学研究,以便更好地理解这个复杂的话题。我的部分动机是因为经济学对SMR的最终成功至关重要,另一方面是因为在讲授SMR技术时,我经常对此主题产生疑问。虽然我对经济学的理解有所提高,但总体上的消极偏见却没有消除。

一些经济相关的研究着重预测在不久的将来SMR的价格和市场会是怎样的。但是预测的问题在于,预测模型必须由复杂的假设和大量近似所支配。可以说,经济学家的任务是几乎不可能完成的,这比预测5年后的天气还要困难得多。这是因为天气对人类活动不敏感,而经济状态对这一高度不可预测因素却敏感得多。我在2012年参加的一个研讨会上就很好地展示了此问题。研讨会探讨了天然气与SMR发电之间的异同,其中包括一位天然气领域的知名经济学家。他在演讲中承认,基于"压裂"法加强天然气回收技术的迅速普及,导致了天然气价格大幅下跌,而这是无法在几年前预料到的并颠覆了之前所有的经济预测。我尊重他的诚实,但随后他开始基于他的经济模型自信地预测20年后的天然气价格,虽然此模型甚至无法准确地预测当前的价格。

出于这些原因,本章中我未从资本和运营成本或由此产生的电力成本对SMR做出预测。相反地,我将对SMR的经济性进行比较性的分析,并重点分析为什么我认为SMR最终会成为既负担得起又具有竞争性的选项。虽然SMR的实际经济性还有待验证,但我会提供我观点的依据,即经济性将是SMR的主要优势,而不是许多人所认为的障碍。

6.1 核电业务

在2011年美国核协会公共事业工作会议的开幕式上,即将离任的Exelon公司首席执行官约翰·罗(John Rowe)向核能界提出了一个坦率的挑战:

如果国家要解决气候变化问题,清除发电烟囱,保持能源可靠性并提高整体能源安全,就需要核能。但是,我们必须保证新一代能源能够解决实际的问题。核能应处于理性时代,而不是信仰时代。这属于商业交易,而不是宗教。[1]

他的评论被一些人断章取义,认为他不再将核能看作一个可行的选择。但是,他的言论实际上是为了让那些喜爱这项技术的人注重实际情况,以免他们不顾潜在的缺点,积极推广它,并诋毁其他选择。Rowe明确指出政客们落入了这个陷阱,但我看到许多科学家和工程师也具有同样短视的观点。

核电发展的先驱,新技术的坚定推动者阿尔文·温伯格(Alvin Weinberg)也认识到经济学的重要性。在他的《第二次核能时代》(*The Second Nuclear Era*)一书中写道:"除非是具备高固有安全性的反应堆,否则没人会买它。"[2]他特别提到20世纪70年代末和80年代初出现的新小型化、高可靠性反应堆设计。国际原子能机构(IAEA)和核能署(NEA)随后针对小型反应堆设计开展了许多后续研究并明确了潜在的不利或不确定的因素,其中,经济性是小型反应堆设计要考虑的核心问题。

在过去的5年中,随着人们对SMR的兴趣迅速恢复,IAEA和NEA都对SMR的预期经济性进行了全新和更精细的研究。此外,美国和国际上的一些研究组织已经开展了与SMR经济性相关的研究,重点关注了市场潜力、成本预测、经济竞争力和经济影响。洛卡泰利(Locatelli)及其同事在《小型模块化反应堆:经济和战略方面的全面概述》(*Small modular reactors:A comprehensive overview of their economics and strategic aspects*)一文中对SMR的经济因素进行了出色的概述[3]。博阿里尼(Boarin)及其同事在《小型模块化核反应堆手册》第10章中也为SMR经济原理奠定了良好的基础[4]。

6.2　关于经济指标的重新思考

在我以前的管理课程中,有一句话一直伴随着我:"你就是所要衡量的对象"。这是一种聪明的尝试,旨在提醒人们注意这样一个事实:所选择用来衡量和奖励进度的指标会直接影响员工或组织。面临的挑战则转变为选择符合组织目标和员工技能的指标。尽管工作质量很高,但不适当的指标可能导致失败或在错误的方向上取得良好的进展。举一个我在国家实验室工作期间遇到的典型例子,该实验室的主要作用是开展有影响力的研究。实验室将经过同行评审的出版物和引文数量作为指标来评估个人和组织的绩效,其与评估学术研究人员相似。尽管在大部分实验室取得了较好的效果,但是从事涉密项目的团队往往会在绩效评估时受到损失。这导致了研究人员回避涉密项目,进而严重威胁了实验室的核心业务。最终,提出了一种不同且更合适的指标来评估参与涉密项目的研究人员的绩效,即赞助机构的重复资助率。

在产品创新方面,存在着类似的现象。早些时候,我讨论了苹果 iPad 的批评者如何过早地宣布它失败,因为批评者通过便携性或计算能力等智能手机评估指标对其进行评价。根据这些指标,它应该已经惨败了。但现实情况是,它代表了一类新的个人设备,因而需要建立新的指标。对于 SMR 而言,特别是在经济性方面,也存在同样的问题。

在核电行业的起步阶段,评估核电站经济性的主要指标是平均电力成本(LCOE)。简单地说,对总电能产额进行标准化处理,通常以美分/(kW·h)(或美元/(MW·h))来表示总生命周期的成本。该指标适用于大容量发电厂,这些发电厂通常位于广阔且相互连接的电网上,并且拥有可靠的电力需求市场。在此环境下,每家电厂的电力单位成本必须与同一市场中其他电厂(核能或其他方式)产生的电能竞争。虽然 LCOE 指标对大型电厂有意义,但对于 SMR 而言,尤其对于位于较小区域电网或用于离网应用的 SMR 而言,它并不具有同样的重要性。即使对于大型电网,也有必要扩展其经济指标集,以描述 SMR 在市场中的新功能。例如,作为增量容量增长和运营灵活性。

一些研究已经发现了此问题,但仅仅是顺便提及。例如,Rosner 和 Goldberg 在 2011 年报告《小型模块化反应堆——美国未来核电的关键》(*Small Modular Reactors—key to Future Nuclear Power Generation*)的附录 C 中提到:"了解 SMR 的经济性……可能需要应用其他经济指标评估经济可行性和财务可行性。"[5] 他们紧接着提供了一些候选方案,包括风险资本(项目中任何时候尚未偿还的总资本成本)和年度净现金流,用于反映达到初始现金流的时间和定期债务/权益状况。核能署(NEA)在 2011 年发表的另一份报告《小型核反应堆的现状、技术可行性和经济学》(*Current Status, Technical Feasibility and Economics of Small Nuclear Reactors*)的简短声明中提出了其他指标:

小型模块化反应堆的属性,如少量的前期资本投资、较短的现场建设时间(相应地降低了融资成本)以及电厂配置和应用的灵活性,对私人投资者具有吸引力。[6]

不幸的是,报告中的大部分经济性评估都侧重于比较 SMR 和大型反应堆(LR)的 LCOE,以确定其在现有市场上的经济可行性,这是一种经济学家所熟悉的传统分析类型。

对于公平评估 SMR 经济可行性的关键财务清单至少应包括以下指标。

(1) 前期主要成本:该指标主要是指核电站的购买成本,用于反映 SMR 的可购买性,是区分考虑建造核电站客户和无法建造核电站客户的首要指标。

(2) 施工期间利息:此指标是项目总成本的一部分,代表借入的成本,包括资金可用性、所有者信用等级、工期总债务和总体项目风险等因素。

(3) 最大现金支出:此指标类似于在险资本,是项目期间任何时候必须融资的最大债务金额,并且会影响借入资金的利率。

(4) 首次收入时间:该指标有助于描述投资者的风险问题,尤其是投资回报率和融资成本。

(5) 市场变化敏感性:该指标考虑了投资者的风险担忧,并反映了潜在投资回报的不确定性。

在以下各节中,将利用这些指标以及传统的 LCOE 指标来更好地描述 SMR 的潜在经济可行性和竞争力。

6.3 可承受性

"隔夜价"是一个类似 LCOE 的经济指标。该指标通常会令人困惑,因为它通常不是以绝对成本的形式而是以标准化成本的形式出现,也就是说,以电厂额定发电量对总的电厂建设成本(不包括融资成本)进行标准化处理,通常用以美元/kW 为单位。此参数能够有效地比较同一市场环境中不同电厂的经济性,但是对于许多客户而言,电厂的绝对成本才是主要考虑因素,并且可能是限制因素。对于具有资本密集型特点的核电站来说尤其如此,例如,目前大型单机组核电站的成本为 6 亿~80 亿美元。而美国最受欢迎的新型核电站设计是以双机组出售的,使得实际的总成本翻了一番,达到惊人的 140 亿美元。这一价格对于许多潜在的客户来说过高,对于他们来说,如果无力购买电厂,则每千瓦成本是无关紧要的。

当我决定购买新车并评估我的承受能力时,首先考虑标价及其对每月付款金额的影响;接下来,我将评估汽车的可靠性,因为它会影响潜在的维护/维修成本;最后是只有在汽油价格高涨的时候才会担心的燃油效率。如果汽车的标价导致每月付款占月收入的很大一部分,那么我将不得不得出结论:我负担不起。如果每月付款金额超出了支付与收入比率的临界线,银行将做出拒绝向我提供贷款这一决定。

虽然上面的比喻不能与购买核电站完全贴合,但有一些相似之处。公共事业公司在负责的融资额度以及投资者或公共服务委员会所允许的融资方式等方面受到限制。当前,美国大型核电站的高昂成本和分散的公共事业结构正在推动一种情形,即只有少数最富裕的公共事业公司可以考虑建造新的核电站。图 6.1 显示出了这种效应,该图比较了 4 种不同能源的资本成本:SMR、大型双机组核电站、天然气厂和燃煤厂,后 3 个电厂的成本数据取自美国能源信息管理局的一份报告[7]。SMR 成本范围是从美国近期正在开发的 SMR 项目数据中收集而来的。图 6.1 还显示了所有美国投资者拥有的平均年收入。从实际情况来看,购买类似佐治亚州和南卡罗来纳州正在建造的双机组大型核电站对大型公共事业项目来说是一种赌注似的决定,而并不在小型公共事业项目的考虑范围之内。尽管 SMR 的发电量比大型核电站要少得多,但 SMR 的标价是小型公共事业公司可以承受的,并且还能够更好地满足其容量需求。

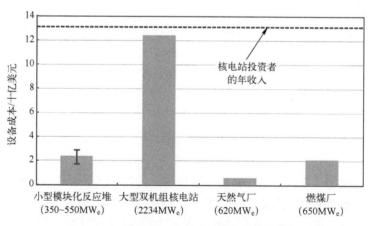

图 6.1　不同类型能源的发电设施成本比较

经济可承受性的另一方面是指可以灵活地分阶段购买。有许多相关例子,对于计算机来说,最大的卖点是随着技术进步,能够在使用过程中通过增加硬盘、更换更强大的图形处理器或新的计算处理器来对系统进行升级。当今的大型并行超级计算机可以"按机架购买",并可以按所需的成本或性能目标进行扩展。另一个例子是,我和妻子最初购买了当时我们负担得起的一所房子,然后在几年后随着我们的家庭条件改善而扩充了新的空间。SMR具有相同的优势,由于节省了融资成本,因此对可承受性甚至电厂总成本都可能产生重大影响。

自 2007 年以来,米兰理工大学(POLIMI)的一个小组在积极评估 SMR 的经济性。我的好友里科蒂(Ricotti)带领他们成为开发"IRIS 小型模块化反应堆设计"的跨国财团的主要合作伙伴,并在 2010 年西屋电气公司退出财团后成为牵头组织。他们还是 2007—2008 年国际原子能机构中小型反应堆经济竞争力研究的主要贡献者[8],是第一批专门针对小型反应堆经济竞争力的研究团队之一。这项研究推动了 POLIMI 开发"SMR 竞争力评估集成模型——INCAS 代码"。随后,Ricotti、Boarin、Locatelli 和其他团队成员就 SMR 经济性的各方面撰写了多篇有见地的论文,包括交错建设的影响、投资对电力市场变化的敏感性以及建筑成本和周期增加的影响[9-11]。

图 6.2 所示为交错建设 SMR 的影响示例,图中数据为利用 POLIMI 提供的 INCAS 生成的[12]。这里介绍了 3 种情况:①压缩时间表建设 4 座 300MW$_e$ 单机组 SMR,每个连续 3 年的 SMR 施工重叠 1 年;②延长时间表建设 4 座相同的 SMR,每个连续建设的机组之间相隔 2 年;③单个 1200MW$_e$ 的电厂,建设期限为 5 年。施工进度表如图 6.2 上半部分所示。在该图下半部分,将两个 SMR 案例的累计现金支出概况与 LR 现金支出进行了比较。LR 的最大现金支出发生在第 5 年,约为 38 亿欧元,这是该电厂建设成本的全部金额。对于压缩的 SMR 建设案例,最大的现金支出减少了约 30%,为 27 亿欧元,最大现金支出发生在第 8 年。一系列原因导致了最高现金支出的减少,现金支出高峰的减少是由于在后期 SMR 建设的过程中较早建设的 SMR 已开始产生收入,从而增加了自筹资金的数量。这种影响在延长建设周期的案例中更为明显,导致现金支出规模更小且更为平坦。在这种情况下,最大支出仅为 16 亿欧元,比 LR 情况低近 60%。

需要注意的是,此示例中给出 3 种案例展示了向电网输送发电功率的速率不同。在 LR 案例中,第 6 年年初可获得全部 1200MW$_e$ 的发电量,而对于 SMR 案例,直到压缩时间表中第 10 年和延长时间表中第 19 年才增添相同的发电功率。但是,如果电厂业主根据需求增长情况而接受累计产能的降低速率,那么单个 SMR 机组交错建设带来的灵活性能够对业主的最大债务产生重大影响。反过来,可以通过减少电厂建设的融资成本来降低项目总体成本。

在评估大型建设项目(如核电站)的总成本时,必须考虑被称为"施工期间的利息"(IDC)的融资成本。显然,IDC 受利率的影响较大,利率在开放的电力市场中通常较高,但对建设时间也很敏感。例如,利率为 5% 的 4 年期工程的 IDC 大约占"隔夜价"的 15%,若工程期延长至 10 年,则将占近 30%。在利率为 10% 的市场中,IDC 对项目总成本的贡献在 4 年的建设中跃升至 30%,在 10 年

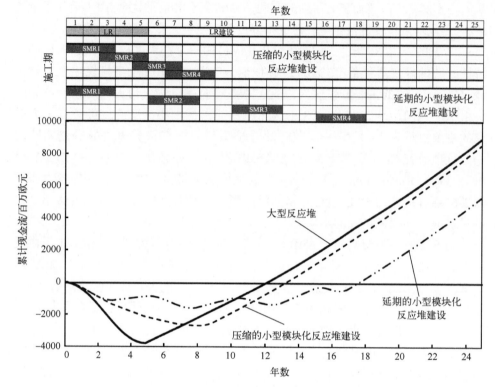

图 6.2 交错建设对最大现金支出的影响

的建设中跃升至 75%。因此，SMR 的主要战略是通过更快速、更可靠的施工进度实现设计特点和电厂架构，从而尽可能降低项目总成本。

SMR 还有许多其他有助于降低建设成本和运营成本的特点，从而使其具有更强的可承受性。由于这些因素中大部分也对 SMR 的经济竞争力有所贡献，因此在 6.4 节对其进行讨论。某种程度上，认为任何降低核电站成本的措施都会提高其经济上的可承受性有些武断。然而，需要再一次强调，高总造价发电厂的经济竞争力仅对能够承受其建造成本的客户有意义。SMR 对那些无法承受这一成本的客户来说是最有价值的。

6.4 经济竞争性

SMR 的经济竞争力仍然是其最受争议的指标，争议的存在是多种因素共同作用的结果，其中最重要的是核工业中根深蒂固的规模经济观念。如 6.3 节所述，LCOE 已迅速成为核工业早期阶段的主导经济性指标。大型电厂因形成规模经济的原因而具有低LCOE人们普遍的观点。但是对规模经济原则的墨守成规会导致一系列更大、更复杂电厂的产生,从而导致行业在往相反的方向发展。

如果假设LCOE是判断不同方案经济竞争力的最佳指标,那么接下来的问题便成为如何最好地实现低LCOE。由于LCOE是电厂的总成本除以电厂的产量,因此我们可以选择降低分子(成本)、增加分母(功率)或两者兼而有之。我曾与一位合作过不同反应堆供应商的同事就此问题进行了长期讨论。他是规模经济思想的支持者,即通过设计系统以在给定的反应堆尺寸范围内产生最大功率,即增加分母来实现最低LCOE。但是,这样的设计往往具有高功率密度、强制冷却循环以及复杂安全系统,即使对于较小的反应堆来说同样如此。我认为应该减少分子,简化系统对降低总成本有重要的影响。另外,在可能的情况下增加功率是可以降低LCOE的,但不能以牺牲系统的简约性为代价。

6.4.1 简化规模经济

我坦率地承认规模经济是有意义的。每个系统设计都必须考虑现实情况。但是,仔细研究SMR的经济性可以发现,通过综合考虑其他经济因素,规模经济可以大大简化。最早的"小型经济"研究之一是由AEA技术公司的海恩斯(Hayns)和谢泼德(Shepherd)在开发安全整体反应堆设计期间进行的[13],表6.1总结和转述了SMR的规模经济。

表6.1 简化SMR规模经济的因素清单

因　素	描　　述
电厂制造数量增加	较小的设备尺寸允许更大程度的电厂制造和更少的现场施工,以降低人工成本
保留熟练劳动力	增加电厂制造将有助于吸引和维持技术工人数量,而不会出现频繁搬迁的缺点
更多的复制性	生产大量小型标准化装置可提高制造/施工效率
单站点的多机组化	公用站点的共享基础结构可降低每个已安装机组的资本成本
提高可用性	使用较小模块化设计的多机组反应堆电厂提高了模块维护期间电厂部分运行的可能性
学习曲线	通过学习过程提高对数量较多的相同小设备的制造/施工效率
批量订购	数量较多的小装置可以降低单个组件的批量订单成本
更匹配需求	较小的机组尺寸允许更好地匹配需求,从而降低与购买电力或闲置资产相关的成本
较小的前期投资	较小的项目总成本降低建设融资成本
缩短施工时间	缩短施工时间降低建设融资成本,更快地增加收入

续表

因　素	描　述
延长设备寿命	小型模块可简化翻新或更换的成本,延长设备使用寿命
减少规划保证金	较小的机组容量缩短了规划范围,降低了对市场变化的投资敏感性
合适的尺寸设计	小机组尺寸可以简化系统,降低材料、制造、维护和处置成本

Carelli 等[14]的研究考虑了许多表 6.1 中的因素及其他因素,他们将这些因素分为以下两大类。

(1) 同电厂规模无关的因素,但可以通过更小的单位来增强,其中包括模块化、电厂制造、共享站点基础结构和过程学习等内容。

(2) 小型电厂所特有的因素,包括设计简化、电厂紧凑性、需求匹配和复制经济性等因素。

Carelli 等对一个特定案例研究中的 4 个因素进行了量化分析,该案例将一个 1340MW$_e$ 大型机组电厂与一个由 4 个 335MW$_e$ 机组组成的电厂(IRIS 功率水平)进行了比较。在他们的研究中,通过评估核工业和其他替代工业的实际数据来评估每个因素,分析结果如表 6.2 所列。标记为"单独"的列分别给出了针对特定因子的 4 机组 SMR 电厂成本和 LR 成本的相对值,而"累积"列则给出了各个因子的累积乘积。研究结果表明,考虑到 4 个因素的相互抵消,SMR 电厂的 70%规模经济损失降低到了 5%名义损失。其他研究考虑了 Carelli 研究中未量化的因素,但到目前为止,还没有研究对所有因素进行全面分析。

表 6.2　可能抵消 SMR 规模经济的因素[14]

经济因素	资本成本比(SMR/LR)	
	单独	累积
规模经济	1.70	1.70
多机组成本	0.86	1.46
过程学习	0.92	1.34
施工进度、时间安排等	0.94	1.26
模块化和设计解决方案	0.83	1.05

许多经济方面的研究都将"过程学习"和"串行生产"(批量生产)作为缓解 SMR 规模经济的主要因素。实际上,这些因素可能是降低 SMR 成本的重要因素。SMR 的较小组件尺寸允许在电厂中预制更大比例的设备,而其较低的功率输出则需要生产更多的机组才能产生与大型设备相同的总产能。这两个因素的实际收益因在不同的研究中有所不同,通常为 20%~40%。例如,

米滕科夫(Mitenkov)[15]通过研究俄罗斯批量生产的推进装置,观察到批量生产可提高30%~35%的收益。由于现有行业中相关因素的数据较为丰富,可以高置信度的分析过程学习和批量生产因素。因此,经济学家可以依靠可靠的模型,进行准确和高精度的预测。这些研究虽然得出了令人鼓舞的预测结果,但只关注过程学习和批量生产而产生的预测结果引起了部分学者的担忧。

首先要担心的是,过程学习在核工业所展现的优势并不明显。有充分证据表明,尽管核电站规模不断扩大,但美国核电站的建设成本却随着时间而急剧上升。奥地利国际应用系统分析研究所的阿努尔夫·格吕布勒(Arnulf Grubler)提供的证据表明,即使法国核电团队的建设相对标准化,过程学习也没有明显的节省成本。Grubler主张以下几点:

最近,法国的核工业案例也证明了学习范式的局限性,即随着技术的不断积累,成本必然会降低的假设。法国案例很好地提醒了简单化学习/经验曲线模型的普遍局限性。国家重要规划的核反应堆不仅总是表现出负面的学习,即成本增加而不是减少,模式也变化很大,无法通过简单的学习曲线模型来近似……[16]

这可能是因为只有在同一位置由同一个人重复执行相同任务时,才属于真正的过程学习。核项目旷日持久的周期和多样化性质可能会大大掩盖过程学习的优势。SMR供应商应该记住这一经验,不要计划仅仅依靠学习曲线来取得成功。

第二个要担心的是,过程学习并不是技术选择之间的主要区别,因此几乎无法评估新技术的总体价值。若所有技术都遵循类似的学习模式,后续机组的成本相对于前几个机组成本会极大降低。从已有的研究来看,在建造8~10个设备后才会发生过程学习降低建造成本,即第 n 个同类设备的成本降低至同类第一个设备的70%。因此,为进一步降低成本,需要建造更多的机组。

第三个需要注意的问题是仅关注学习和批量生产因素会得到这样的结论:要使SMR具有竞争力,就需要销售成百甚至上千个SMR。我听过有良好主张的倡导者提出过这样的论点,他们没有完全重视结论的逻辑性。反对SMR的人很快抓住了这一论点,并得出结论:只有在确保成千上万个潜在订单之后,SMR才具有市场价值。对于任何从未引入的新产品,这是一个非常不正确的假设。SMR的吸引力取决于前几家电厂的成功,如果实现,将会接到更多的订单,并进一步降低成本及提高其吸引力。

6.4.2 小型化的强化经济性

对于SMR经济竞争力的潜力,我有不同的看法:简化设计所节省的成本最终将成为 SMR 经济竞争力的主要动力。我的论据基于以下认识："过程学习"意味着反复开展相同的项目以提高效率。相比之下，"启蒙"则意味着以更智能的方式提供相似的功能开展一个不同的项目。对于年纪大的人来说，盒式磁带录像机（VCR）是一个较为熟悉的例子。我的第一台 VCR 质量超过 5 磅（1 磅 ≈ 0.45kg），成本也超出了我的承受范围。当我打开设备查看其工作原理时，我对齿轮、操纵杆和开关的复杂性感到惊讶。我购买的最后一台 VCR 质量不到 1 磅，成本是第一台的 1/10。在这个装置的盖子下，我惊讶地发现机制变得如此简单。这给我们提供了学习还是启发？

我认为简化设计将在 SMR 的价格和竞争力中起主要作用的依据是，它在电厂的整个生命周期内都具有乘数效应。设计过程中避免了每个组件的如下成本：工程师设计时间，分析人员评估其安全性和性能以及监管机构审查的时间，从供应商处购买、安装、维护以及电厂使用寿命结束时最终花费的处理时间。大幅简化设计（只有在较小的系统中才能实现）能够大大减少电厂的生命周期成本。但是，仍有一点需要注意，在核电站设计领域，监管机构必须仔细检查设计的各个方面，包括已取消的功能，以确保系统的移除不会造成安全漏洞。因此，监管机构为保证首次出现的简化设计能够被接受，实际上可能需要做更多的审查工作，具体取决于设计者对简化设计整体安全性的了解。但是，一旦设计被接受，随后的许可会更快、更便宜。

前面引用的经济研究表明了简化设计的重要性，但迄今为止，还没有人对这一因素进行严格的分析。客观地说，这比分析学习曲线要困难得多。由于正在开发的 SMR 详细设计信息为私有信息，因此访问所需的设计数据会面临较大的挑战。此外，SMR 设计也存在一定的多样性，如高度创新的设计和大型核电站设计的缩小版本。因此，客观分析简化设计对成本造成的影响要比对比不同的设计方案更有价值。

Hayns 和 Shepherd 在 1991 年的研究中提到简化设计的重要性：

有时会遗漏的一个基本要点是：大型机组已针对其特定的输出功率进行了优化，因此没有必要仅仅为了缩小大型系统而设计较小的输出机组；在较小的尺寸下，可能会出现不同的设计概念，并且使用更适合于缩小尺寸的设计概念（只有在缩小尺寸情况下才可行的技术）可使得资本成本明显在大型设计上简单地应用低于缩放比例规律所得到的预测结果[13]。

他们继续讨论了表 6.1 中与安全整体反应堆设计相关的 13 个降低成本的因素。如表 6.2 所列，Carelli 在 2010 年研究中对成本进行了定量核算，通过对 IRIS 设计进行模块化和简化处理，能够降低 17% 的成本。根据已掌握的处于开发阶段的 SMR 设计，包括仅对大型设备进行的简化设计以及进行了大幅简化的其他设计,该百分比代表了一个合理的平均值。

同样地,Li[17]在2009年的研究中也认识到了简化设计的重要性。他列举了应急堆芯冷却系统的示例,该系统已添加到核电站中,用以防止冷却剂损失事故的严重后果。他认为,SMR较低额定功率使得简单的非能动系统能够满足设计方案的安全需求。相反,大型(高功率)设备需要复杂的能动应急堆芯冷却系统。在NuScale设计中,独特的集成模块配置和小功率(仅50MW)机组可消除15个主要系统或组件,同时仅引入一个传统压水堆中没有的新系统。

尽管移除不需要的组件不属于简化设计的范畴,但是SMR的小型化特点却有助于节省与供应链有关的额外成本。例如,大多数SMR中的一体化反应堆容器足够小,可以允许多家制造商甚至国内制造商制造容器锻件。能够生产大型核电站所需锻件的全球制造商数量有限,造成了供应链瓶颈,极大地影响了反应堆和蒸汽发生器容器的制造成本和进度。直到最近,供应商还必须支付大量费用,才能确保在诸如日本制钢厂之类的重型组件制造电厂的工作队列中占据一席之地。

另一个示例,用于SMR的涡轮机和发电机设备足够小,可以从多个供应商处获得"现成的"选择,从而导致供应商之间竞争加剧,部件成本降低。此外,较小的设备更易于运输到现场并移出进行维修或更换。在杂志《动力工程》(*Power Engineering*)的一篇有关氢冷发电机安全性的文章[18]中指出,在超过70MW的发电机组中,有70%以上使用氢气冷却。除了要求严格的运输和处理程序,氢气冷却系统还使发电机的保养复杂化。相比之下,NuScale的50MW涡轮机/发电机设备足够小,可以装在单个货盘上,并且发电机可以采用空冷替代氢冷。

6.4.3 规模的不经济性

许多研究学者开始关注规模的不经济性,即随着机组尺寸的增加,成本的上升空间逐渐变小。世界银行Kessides在对核电项目高昂建设成本的研究中发现[19],对规模经济的误判是一个重要因素:"早期预测往往会忽略复杂性和管理水平提高所造成的潜在规模不经济性"。高智公司(Intellectual Ventures)的Li针对SMR进行了分析,他认为,尽管过去几十年来电厂规模迅速扩大,但没有证据表明核工业已经形成明显的规模经济[17]。尽管有些人将核电站成本上涨归因于核工业独有的监管或其他因素,Li的研究表明,在煤炭工业中早已出现了类似的规模不经济性。

1979年,福特(Ford)在洛斯·阿拉莫斯科学实验室(现为洛斯·阿拉莫斯国家实验室)进行的一项研究支持了Li的观察。福特对建设1座3000MW的燃煤电厂与6座500MW的燃煤电厂进行了比较、分析[20]。他得出的结论是,即使小型电厂位于不同地点,即无法从共享的电网基础架构中受益,小型燃煤电厂集体名义上的经济性也比单个大型燃煤电厂高5%。福特的报告引用了 Hayns 和 Carelli 在研究中提到的许多相同节省成本的因素。支持小型燃煤电厂的主要原因是保证成本,包括大型复杂燃煤电厂更频繁的中断以及维护所需补充的电力成本。他还列举了较小单位的一些非财务利益。燃煤电厂的独特优势包括由于电厂选址分散而带来的空气质量改善以及烟囱高度降低所带来的视觉美感。适用于 SMR 的好处还包括诸如用水量减少、需求预测减少以及"繁荣小镇"影响减少等。

有趣的是,大约在福特研究的同一时间,新的燃煤电厂建设朝着更小的机组尺寸发展,最终以 200MW 额定功率作为单个发电机组的可管理规模。例如,田纳西州的大型金士顿蒸汽发电厂联合 9 个较小的发电机组(每台 175～200MW$_e$)以产生大约 1400MW 功率。图 6.3 分别显示了美国商业和私营燃煤电厂的燃煤发电机组数量[21]。田纳西州的伊士曼化学公司拥有模块化程度最高的电厂,该公司经营 19 台小型燃煤锅炉。

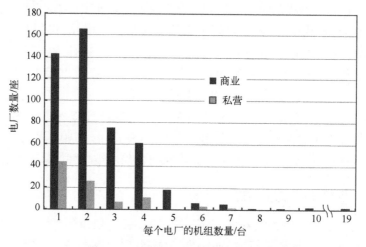

图 6.3　美国多机组燃煤电厂的分布

哥伦比亚大学的 Dahlgren 及其同事[22]发表了另一项支持规模不经济性的研究。他们在论文"小型模块化基础设施"中对 SMR 进行了讨论,尽管他们还探索了小型模块化氯电厂、生物质气化厂以及其他类似技术。他们对包括资本成本和运营成本在内的不同成本影响因素进行了严格的分析,并对支持规模经济性的某些关系假设给出了替代的解释。例如,对商品成本的分析,传统观点认为,组件尺寸的效用取决于其体积,而材料的数量及商品成本则取决于其表面积。随着组件尺寸的增加,其体积的增加快于其表面积的增加,因此具有规模经济性。作者认为,结构力学方面因素会抵消较大机组的优势,并最终导致随着组件尺寸增加而增加成本。Dahlgren 及其同事得出以下结论:

现在，考虑一种全新的基础架构设计方法是具有现实意义的，用数量经济代替机组的规模经济，逐步用大批量生产的小型模块化设备替换定制的大规模安装[22]。

在讨论其他经济因素之前，我想分享一下我最喜欢的关于规模不经济性的类比。该类比摘自 2012 年英国林肯大学 Locatelli 的演讲[23]。在演讲中，他将鸵鸟蛋与 10 个鸡蛋进行了比较，如图 6.4 所示。2012 年，鸵鸟蛋重 1.5~1.8kg，价格为 15~25 €，单价为 10~15 €/kg。相比之下，十几个鸡蛋以 2~4 € 的价格出售，每个鸡蛋重 60~70g，单位成本仅为 2.5~5 €/kg，大约是单个较大鸡蛋的 1/3。鸵鸟蛋的单位成本较高，这是因为它是大多数人相对不熟悉的产品，并且仅由少数不常见的供应商提供。另外，鸡蛋是非常熟悉的，并且可以从大量普通供应商处获得。除了成本上的劣势，鸵鸟蛋还可以满足一个 15~20 人家庭的食用量，但对于大多数家庭是不适用的。

图 6.4 规模不经济性的例子
(a)一个鸵鸟蛋；(b)10 个鸡蛋。

6.4.4 其他经济因素

本章的大部分内容涉及资本成本，即物理设备的成本。此外，运营和维护(O&M)成本也很重要，并且对于 SMR 竞争力的影响较大。然而，由于缺少 SMR 的运营经验，SMR 的 O&M 成本的不确定性要比资本成本高。监管机构能否接受其(尤其是多模块 SMR)与传统设备的主要区别，仍存在一定的不确定性。例如，大多数 SMR 设计均将所有的安全系统置于地面以下，以降低其面对空中攻击的脆弱性并限制进入关键区域的通道系统。与采用更多"枪支、警卫和大门"的经典策略相比，将物理保护设计为设备的固有特征作为首选方法。但是，现在无法判断在未来几年内监管机构是否会认可设备销售商通过缩小尺寸的方式获得这些固有安全性。这种不确定的结果将对设备的运维成本和竞争力产生重大影响。

控制室人员的配备要求也存在类似不确定性。例如，NuScale 设计包括一个单独的控制室，利用该操作室运行 12 个模块所需的反应堆操作员数量远少于运行 12 个 LR 机组。这带来了监管上的不确定性，并对运维成本产生直接的影响。SMR 的其他独特特征会影响其相对运维成本，包括装料策略等因素（专职人员还是临时员工）、在役检查要求、系统自动化水平、高度标准化模块的流水线管理，以及流水线相关的备件管理。

SMR 还有其他潜在的具有明显经济影响的优势，但是很难对这些优势进行货币化的衡量。2011 年，POLIMI 的 Locatelli 和 Mancini[24]发表了一篇关于设备规模方面的并影响投资决策的几种非财务因素的论文。他们确定了 11 类注意事项：纺纱储备管理、电网脆弱性（稳定性）、公众接受度、技术选址约束、项目风险、国家产业体系、上市时间、运营所需的能力、就业影响、设计稳健性以及历史/政治关系。尽管他们的分析大部分是定性的，但较小的设备在几乎所有考虑因素中似乎都具有优势。有利于大型设备的少数因素之一是历史/政治关系，即先前在卖方和客户或其各自国家之间建立的关系。对于与仅提供大型设备设计的核供应商有固定关系的国家或地区，该因素有利于新机组的选址。

关于经济竞争力，我想说的最后一点是，在前面的讨论中，我们从未讨论过"与什么竞争"这一重要问题。这是讨论竞争力话题中的重要歧义，通常假设 SMR 必须具备与大型核电设备竞争的能力。回到本章的开头，SMR 主要是为无法负担或不需要大型核电站的客户利益着想。这些客户中有许多并未与大容量电网连接，他们面临其他可选择的能源方案具有更大的局限性和更昂贵的成本。一些研究开始注意这一特征，如欧洲委员会联合研究中心的能源与运输研究所的研究[25]。在这项研究中，卡尔森（Carlsson）及其同事专门评估了 SMR 在欧洲热电联产市场中的竞争力。什罗普郡（Shropshire）领导的一项相关研究表明，该政策比欧洲电力市场更为有利[26]。橡树岭国家实验室（ORNL）哈里森（Harrison）领导的一项研究也认识到了这一特征。他们观察到，SMR 的功率输出较小，在大型电力市场之外具有较强的竞争力，如在工业设施和军事设施方面[27]。实际上，SMR 本质上非常适合满足局部电力需求和非电力应用。我将在第 7 章讨论这些重要的 SMR 应用场景。

6.5 降低经济风险

在可购买性方面，项目总成本是主要因素，而融资选择的重要程度紧随其后。就前面提到的购车类比而言，银行对我购买汽车的年龄和成本有很多限制。尽管他们担心的一部分是我的付款能力，但他们也更广泛地关注任何潜在的投资风险。风险越大,他们的担忧就越高,他们在提供融资之前就越会收取更多的费用,风险的增加会导致一些融资选择消失。

不可否认,与大多数其他工业活动相比,公众对核电的风险意识更高。产生这种现象的原因也许是对冷战核毁灭威胁的持久记忆,也许是伴随核电的神秘辐射,或者是我们将其包装在大型偏远设施中的方式。不考虑情感因素而基于财务原则,这种风险方面的情绪甚至渗透到投资者群体中。作为全球核能伙伴关系(GNEP)计划的一部分,我帮助筹划并举办了2009年核能项目融资研讨会,当时我第一次看到了投资者对核能项目风险的看法。除了核工业的常规技术代表,还邀请了金融界人士,他们是这一类型的会议中常常被忽略的群体。德意志银行、惠誉评级服务公司、韬睿咨询公司(Towers Perrin)、日本出口和投资保险公司以及美国进出口银行的代表出席了会议。这些代表传达了一个一致的信息:核电项目是投资者最难以接受的项目之一。一些较常见的理由包括长投资回收期核电项目的资本密集型性质和外部因素的影响,如监管不确定性和公众反应,施工延误和成本超支以及可靠的长期市场预测等。在 Grubler 关于法国核电计划的论文中,他写道:"也许核电'死亡谷'本身就是高昂的投资成本,而且经济上往往超过可行的水平。"[16]

在《小型模块化核反应堆手册》第 10 章中,POLIMI 团队讨论了与核电项目相关的融资风险[4]。他们关注了许多与银行家们在 GNEP 会议上表达的相同问题,并将这些问题归类为核电项目独有的资本密集型项目相关问题。表 6.3 列出了它们的主要危险因素。

表 6.3 影响核电项目融资的主要风险因素

资本密集型项目共性	核电项目特性
① 高昂的前期资本成本; ② 成本不确定性; ③ 建筑供应链风险; ④ 交货时间长,投资回收期长; ⑤ 对利率高度敏感; ⑥ 电厂的可靠性和容量因素; ⑦ 产品市场价(电价)	① 公众支持不稳定; ② 消极的公众接受度; ③ 法规和政策变更; ④ 退役/废物处理成本和负债

POLIMI 团队判断,建设成本和进度超支是造成核电项目风险的主要因素,如前面提到的项目总成本对建设工期的高敏感度。这种敏感性主要来自融资成本,但其他成本因素也对敏感性产生贡献,例如,保留劳动力和主要建筑设备的长期租赁费用。POLIMI 的论文列举了一个尴尬的历史数据示例,使得核电项目具有较低的信誉。根据从美国国会预算办公室获得的数据[28],1966—1977 年在美国启动的 75 家核电站的实际成本始终比其最初成本预算高出 2~3 倍。SMR 的固有特征可减轻许多风险,其中的大部分已在前面章节中进行了讨论。

这些固有特征包括较短的建造时间、更快的首次收入时间以及较高的制造成本和进度可靠性。较短的施工时间和连续的施工特征还降低了对市场相关因素的敏感度，例如利率、电价以及业主对环境变化而导致的电力需求变化做出更快反应的能力。

在前面提到的 2009 年 GNEP 研讨会上，SMR 供应商在银行家之后进行演讲，他们介绍了设计和部署策略的作用。在后面的相关案例中，你可以清楚地看到银行家的态度发生了变化——他们变得更加投入，更加好奇，甚至偶尔微笑。在总结会议上，金融代表承认，SMR 似乎减少了许多与核电项目有关的主要投资风险，最显著的原因是，它们需要每个模块的总资本投资更少，并且可以在电厂与现场实现更快、更可靠地建造，可以更早地产生收入以抵消后续模块的费用。特别值得注意的是，缩短施工时间和降低 SMR 容量的综合效应有助于减轻长期电力需求预测错误所带来的影响，从而避免因购买昂贵的替代电源或搁浅资产而削弱电厂的盈利能力。

尽管就表 6.3 左栏中所列的投资风险而言，SMR 似乎比单个大型电厂具有明显优势，而其对核能特有风险则产生较弱的影响。它们影响这些因素的能力很大程度上取决于首批 SMR 获得许可和部署成功并证明 SMR 最主要的两个优势：强化安全性、耐用性和经济可承受性。如果可以在传统的电力应用中做到这一点，将实现 SMR 的第三个优点：将核电扩展到非传统市场和非电力应用领域，即第 7 章的主题。

参考文献

[1] Rowe JW. My last nuclear speech. In: *Presented at the American nuclear society utility working conference*, Hollywood, FL. August 2011.

[2] Weinberg AM, Spiewak I, Barkenbus JN, Livingston RS, Phung DL. *The second nuclear era*. Praeger Publishers; 1985.

[3] Locatelli G, Bingham C, Mancini M. Small modular reactors: a comprehensive overview of their economics and strategic aspects. *Prog Nucl Energy* 2014;**73**:75-85.

[4] Boarin S, Mancini M, Ricotti M, Locatelli G. Economics and financing of small modular reactors. [Chapter 10]. In: *Handbook of small modular nuclear reactors*. Cambridge, UK: Woodhead Publishing; 2014.

[5] Rosner R, Goldberg S. *Small modular reactors—key to future nuclear energy power generation in the U.S.* Energy Policy Institute at Chicago, University of Chicago; November 2011.

[6] *Current status, technical feasibility and economics of small nuclear reactors*. Nuclear Energy Agency; 2011.

[7] *Updated capital cost estimates for utility scale electricity generating plants*. U.S. Energy Information Administration; April 2013.

[8] *Approaches for assessing the economic competitiveness of small and medium-sized reactor*. International Atomic Energy Agency; 2013. NP-T-3.7.

[9] Boarin S, Ricotti M. Cost and profitability analysis of modular SMRs in different deployment options. In: *Proceedings of the 17th international conference on nuclear engineering (ICONE)*, Brussels, Belgium, July 12-16, 2009.

[10] Boarin S, Locatelli G, Mancini M, Ricotti M. Financial case studies on small- and medium-sized modular reactors. *Nucl Technol* May 2012;**178**:218-232.

[11] Boarin S, Ricotti M. An evaluation of SMR economic attractiveness. *Sci Technol Nucl Install* 2014;**2014**. Hindawi Publishing Corporation.

[12] Boarin S. Private communication, January 11, 2015.

[13] Hayns MR, Shepherd J. SIR: reducing size can reduce cost. *Nucl Energy* April 1991;**30**(2):85-93.

[14] Carelli MD, et al. Economic features of integral, modular, small – to – medium size reactors. *Prog Nucl Energy* 2010;**52**:403-414.

[15] Mitenkov FM, Averbakh BA, Antyufeeva IN. Economic effect of the development and operation of serially produced propulsion nuclear power systems. *At Energy* 2007;**102**(1):42-47.

[16] Grubler A. The costs of the French nuclear scale-up: a case of negative learning by doing. *Energy Policy* 2010;**38**:5174-5188.

[17] Li N. A paradigm shift needed for nuclear reactors: from economies of unit scale to economies of production scale. In: *Proceedings of the international congress on advanced power plants (ICAPP)*, Tokyo, Japan, May 10-14, **2009**.

[18] Spring N. Hydrogen cools well, but safety is crucial. *Power Eng* June 1, 2009. Available at: http://www.power-eng.com/articles/print/volume-113/issue-6/features/hydrogen-coolswell-but-safety-is-crucial.html.

[19] Kessides IN. The future of the nuclear industry reconsidered: risks, uncertainties, and continued promise. *Energy Policy* 2012;**48**:185-208.

[20] Ford A. *A new look at small power plants*. Los Alamos Scientific Lab; January 1979. LASL-78-101.

[21] *Annual electric generator report*, Form EIA – 860. Energy Information Administration. Available at: www.eia.gov/electricity/data/eia860.

[22] Dahlgren E, et al. Small modular infrastructure. *Eng Econ* 2013;**58**(4):231-264.

[23] Locatelli G, Mancini M, Ruiz F, Solana P. Using real options to evaluate the flexibility in the deployment of SMR. In: *Presented at the international congress on advances in nuclear power plants*, Chicago, IL, June 24-28, 2012.

[24] Locatelli G, Mancini M. The role of the reactor size for an investment in the nuclear sector: an evaluation of non-financial parameters. *Prog Nucl Energy* 2011;**53**:212-222.

[25] Carlsson J, et al. Economic viability of small nuclear reactors in future European cogeneration markets. *Energy Policy* 2012;**43**:396-406.

[26] Shropshire D. Economic viability of small to medium-sized reactors deployed in future European energy markets. *Prog Nucl Energy* 2011;**53**:299-307.

[27] Harrison TJ, Hale RE, Moses RJ. *Status report on modeling and analysis of small modular reactor economics*. Oak Ridge National Laboratory; March 2013. ORNL/TM-2013/138.

[28] *Nuclear power's role in generating electricity*. US Congressional Budget Office; May 2008.

第 7 章
扩大核电灵活性

本章将完成对 SMR 三大优势的讨论:安全性和耐用性的增强,更加经济实惠以及灵活性的提高。如果核电仍是可接受的能源选择,那么安全是一个不能妥协的关乎通过与否的要求。仅凭安全性不足以使核能成为全球能源市场上的有力竞争者,还必须经济实惠并且具有竞争力。在前两章中展示了 SMR 的安全性和经济实惠的潜力之后,我现在转向其使用的灵活性。SMR 的第三大优势对于将核电的使用范围扩大到更多的新客户和新应用至关重要。

SMR 的前两个有助于增强灵活性的特点在它们的名称中就有所体现:小型和模块化。值得关注的是它们的小巧和模块化带来的另外两个重要特征:它们对于更灵活的工厂选址以及对非电力应用的适应性的优势。所有这 4 个因素都为 SMR 提供了巨大的潜力,使 SMR 在大电网市场的传统应用的基础负荷发电之外扩展了核能使用。

7.1 大小的重要性

SMR 很小并不令人震惊。我经常被问道:它们有多小?我更喜欢在功率输出方面做出响应,这是一个简单得多的响应,但仍然很复杂。人们普遍同意"小"的上限是 300MW$_e$,尽管这个精确的数字没有什么神奇的,但是下限相当模糊,它们可以尽可能小,甚至为零。这是一个真实的事实——已经建造了许多零功率反应堆——但它极具误导性。零功率反应堆实际上不产生热量,仅用于研究或对学生进行关键核组件物理学的培训。如果你回想起第 6 章,那么平均电力成本(LCOE)的定义是电厂的总成本除以其输出功率,因此零功率反应堆的 LCOE 为无穷大,这对于商业化应用而言是非常差的投资。

基于全球对 SMR 的商业投资,看来商业用途的实际下限为几兆瓦。表 7.1 列出了商业组织当前正在开发的 20 个 SMR[1-2]。非商业用途的反应堆(如海军推进器)适合这些商业设计的功率范围。用于太空探索的反应堆往往要小得多,通常在几千瓦到几兆瓦的范围内。因此,撇开商业可行性的问题,可以将反应堆设计为所需的任何功率。

表 7.1 全球正在开发的几种商用 SMR 的功率容量和反应堆容器大小

国　　家	SMR 设计	冷却剂	功率/MW$_e$	反应堆压力容器大小	
				直径/m	高度/m
阿根廷	CAREM	轻水	27	3.2	11
中国	ACP-100	轻水	100	3.2	10
中国	CNP-300	轻水	300~340	3.7	10.7
中国	HTR-PM	氦	105	5.7	25
法国	Flexblue	轻水	160	3.8	7.7
印度	PHWR-220	重水	235	6.0	4.2
印度	AHWR-300-LEU	轻水	304	6.9	5.0
日本	4S	钠	10 或 50	3.5	24
朝鲜	SMART	轻水	100	5.9	15.5
俄罗斯	ABV-6M	轻水	8.5	2.1	4.5
俄罗斯	KLT-40S	轻水	35	2.1	4.1
俄罗斯	RITM-200	轻水	50	3.3	8.5
俄罗斯	VBER-300	轻水	300	3.7	8.7
俄罗斯	SVBR-100	铅铋	101	4.5	7.9
美国	mPower	轻水	180	3.9	25.3
美国	NuScale	轻水	50	2.9	17.4
美国	SMR-160	轻水	160	2.7	13.7
美国	W-SMR	轻水	225	3.5	24.7
美国	EM2	氦	265	4.7	10.6
美国	PRISM	钠	311	9.2	19.4

随后经常面临一个相关问题:小型反应堆有多大(物理上)？我的回答通常是"比大型反应堆小"。我如此回答的原因是,各种 SMR 设计之间的尺寸差异很大,如表 7.1 所列。该表仅列出了反应堆压力容器的尺寸,回路设计的尺寸要比整体设计小。另一方面,回路设计在反应堆容器外部有多个容器,如蒸汽发生器和增压容器,它们仍然是主要系统的一部分,并增加了设备的整体尺寸。如表 7.1 所列,从物理尺寸的角度来看,SMR 不一定很小。例如,mPower 集成式 SMR 具有一个与 8 层建筑物一样高的反应堆压力容器。增大 SMR 尺寸的另一

个结构是包围反应堆容器的安全壳。在 SMR 设计中,安全壳的设计策略差异很大。有些(如 NuScale)使用小体积钢制容器,有些(如 SMART)则使用更传统的大体积混凝土结构。为了进行比较,一个传统大型反应堆的单个安全壳建筑物内可容纳超过 120 个 NuScale 安全壳容器。除了电力输出和硬件尺寸,SMR "小"的第三个方面是工厂的"足迹",即反应堆建筑物,所有辅助建筑物和相关结构使用的土地数量。这也因设计而异。例如,俄罗斯的 ABV-6M 和 KLT-40S 反应堆非常紧凑,以至于整个双机组电厂可以装在一条驳船上。对于基于陆地的 SMR,大多数供应商宣传的电厂占地面积为 8000~16000m^2(20~40英亩),大约是大型电厂占地面积的 1/10。由于安全系统的地下放置、较小规模的涡轮设备以及使用强制通风冷却塔,许多 SMR 工厂不仅占地面积小,而且建筑物外形小。放射性废物处理设施、行政大楼、开关站和干燥桶储存区共同构成了 SMR 场地。能源输出、硬件尺寸和电厂占地面积这 3 个大小方面的因素对于理解 SMR 在不同市场的潜在部署及其对各种能源应用的适用性都很重要。

7.1.1 远程客户

SMR 的第一个潜在受益者是远程用电者,但是对此有客观的限制。一个广为流传的例子是阿拉斯加的加利纳市。从 2005 年左右开始,加利纳市政府官员与东芝达成一项项目,以 SMR(特别是超级安全、小型和简单(4S)反应堆)取代该市的柴油发电机。简化的小型反应堆可以提供 30 年的持续电力,这是非常有诱惑力的,因为供应该市的柴油发电机的燃料非常昂贵,并且只能在一年的一个月内补给。最后该项目被取消,因为即使 4S 工厂的 10MW_e 输出也大大高于该市的 2MW_e 高峰负荷。在另一个示例中,某公司与我竞标一份合同,以升级纳什维尔机场的基础设施,那是一家电力负荷为 0.5~1.0MW_e 的设施。在我重新调整他们的雄心之前,投标人对提议用 SMR 满足这一需求的前景感到兴奋。

尽管 SMR 可能不是非常偏远和小型消费者的解决方案,但是许多城镇和设施的电力需求量很大,但大型核电站或其他能源替代品可能无法实施。其中一些社区在适当的电网上处于有利位置,但是更多社区仍缺乏足够的本地电网基础设施,或者仅有很少的电网互连。对于这些客户,SMR 提供了非常有前途的解决方案。

我天真地认为,建造新的传输线十分简单(且便宜)。事实证明,安装新的架空高压线路每英里的成本为 1 万~200 万美元,而地下线路的成本则可能高出 4~5 倍。我生活了许久的美国西部,增加新的传输线尤其具有挑战性。无论是由于受保护土地的数量众多,地形恶劣,还是濒临灭绝的野生动植物的保护,获取新的传输通行权和线路的建设都既困难又昂贵。我最近参加了与一些西方公用事业代表的会议,他们对建立新的输电网络所面临的挑战充满了信心。一位代表断然地说,他宁愿在自己的服务区建造多个 SMR,也不愿与说客周旋。这种现实凸显了 SMR 体积小的一个显著优点:其小单位输出可比目前存在的核电模型更加分散。为了重申早先的信息,SMR 将为公用事业主管提供更多的选择,不仅是发电中的选择,还包括分散式发电资产与新传输网络之间的选择。

7.1.2 电网管理

具有较小容量的发电机有助于提高电网稳定性,尤其是在电网互连受限的区域。经常提到的稳定电网运行的经验法则是,单个发电机组的输出不应超过总发电量的 10%。即使在大电网地区,公用事业公司也习惯于运行小型发电机组。图 7.1 显示了全球所有类型的核电站的规模分布,表明大约 93% 的核电站的容量低于 500MW$_e$[3]。即使在美国,在 2000—2005 年增加的近 1400 台新发电机组中,只有 6 台的额定功率大于 350MW$_e$。因此,大多数公用事业公司都非常熟悉小型发电机组的运行和电网管理策略。与此相关的是一个称为"旋转备用"的术语,这是公用事业公司必须具有的多余容量,以弥补系统上最大的发电机的损失而不会造成重大破坏。大型的单一机组核电站需要大量的旋转储备。这可以通过使许多现有电站的发电量略低于其满容量运行或通过在连续待机状态下运行专用单元来实现。无论哪种方式,能源都在浪费。SMR 的较小输出可提供更易于管理的功率分配,并减少与旋转备用容量相关的资源浪费。

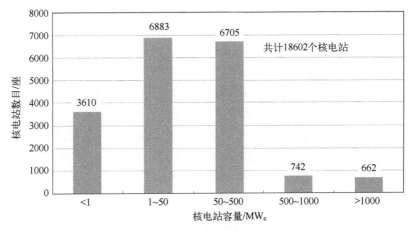

图 7.1 全球核电站的规模分布[3]

核电站负荷跟踪能力的争论也与电网基础设施的完整性有关。传统观点认为，核电站应以满负荷连续运行，天然气电厂最适合提供"高峰"能力来满足过量需求。这种历史策略部分是出于经济考虑。这是由于与天然气电厂相比，核电站的资本成本较高，燃料成本较低，因此保持较昂贵的硬件连续运行是有意义的。由于其燃料成本低，以 50% 的功率运行核电站对其运行成本的影响很小，但将收入减少了一半。由于反应堆的热循环和核电站系统的平衡引起的疲劳问题，在负荷跟踪操作下，增加的维护成本通常也会更高。

尽管有经济上的争论，目前在美国运行的许多核电站都是按照负荷跟踪设计的，并且最初配备了自动电网控制功能。但是，美国核监管委员会制定了一项政策，禁止使用自动分配核电站的方法，尽管有执照的反应堆操作员可以进行手动负荷跟踪。目前，仅华盛顿州里奇兰市的哥伦比亚发电站执行一定程度的负荷跟踪操作，他们将其称为负荷成形。在全球范围内，法国的压水堆定期进行负荷跟踪，原因是其电网中的核电发电比例很高（名义上为 75%）。由于核电比例相对较高，因此加拿大要求进行反应堆机组负荷跟踪，而德国反应堆则主要由于其电网中间歇性风力发电的负荷相对较高而进行负荷跟踪[4]。

现在有两个理由考虑对核电站进行负荷跟踪。第一种是由 SMR 支持的小型电网应用。在这些情况下，类似于法国和加拿大的情况，区域电网中相对较高的核发电比例可能会迫使 SMR 顺应不断变化的需求。考虑核电站负荷跟踪的第二个原因是对可再生能源在电网中渗透率的提高做出的回应，这与德国的情况类似。可再生能源（尤其是风能）的渗透率不断提高，改变了经济论点，因为风力涡轮机也是资本密集型的（每单位发电量比核电站贵），而且其燃料成本非常低，实际上为零。另外，一些区域政策要求电网调度员优先使用可再生能源，因此要求基础负荷电厂适应需求的变化。因此，电厂所有者已经开始对燃煤电厂进行电力操纵，并被迫将其扩展到核电站。

幸运的是，典型 SMR 的小巧性使其能够更好地适应负载跟踪操作，并且有多家供应商宣传了此功能。通常，由于 SMR 响应热循环的敏捷性较高，因此与大型工厂相比，降低了负荷跟随的影响。较小的反应堆系统组件、较小的涡轮机/发电机设备以及较小的反应堆尺寸可实现系统简化，共同提供了更大的灵活性。快速光谱反应堆（如钠冷 SMR）具有进一步的优势，因为它们的堆芯反应对反应堆堆芯中的氙气堆积和耗尽的敏感性要低得多，这种现象使热光谱反应堆（如水冷反应堆系统）的堆芯功率操作复杂化。

一些 SMR 供应商宣传某种程度的增强负载跟踪功能。以我熟悉的 NuScale 设计示例为例，它纳入了特定功能来增强其跟踪负荷的能力，以响应电力需求的变化或电网中可再生资源产生的可变发电量。这是通过将 NuScale 模块的小单元容量（50MW$_e$）与核电站设计的多模块方法相结合来实现的。一个例子是模块的设计和运行参数仅通过控制棒移动将反应堆功率降低到40%，也就是说，它不需要调整一次冷却剂中的硼浓度。这改善了反应器的可操纵性，同时不会产生与硼添加和稀释相关的额外废液。同样，冷凝器的设计可以容纳全部蒸汽，从而可以快速改变系统输出，同时将对反应器的影响降至最低，该反应器可以继续以全功率运行。为了进行更强大的动力调节，可以关闭整个模块，从而以50MW$_e$的增量减少电站的输出。一项研究着眼于将NuScale电厂与爱达荷州的Horse Butte风力发电厂整合在一起，发现该发电厂可以单独使用涡轮机旁路或将旁路排放与动力操纵相结合来有效抵消风力发电场的波动性[5]。尽管如此，核电站的负荷跟踪并非没有代价，包括经济和机械方面的损失。

7.1.3 非电力客户

较小核电站的另一种操作灵活性是能够使核电站的输出更好地满足用户需求的能力，这对于过程供热应用特别重要。我将把SMR耦合到工艺供热设施的技术方面的讨论推迟到本章稍后，并将这里的讨论限于SMR在非电气应用中的尺寸适用性。使我感到有些惊讶的是，许多工艺热用户实际上需要的热量相对较少（远远少于大型核电站产生的3000~4000MW$_{th}$（1000~1400MBtu/h））。例如，橡树岭国家实验室（ORNL）的好朋友，前任老板谢雷尔·格林（Sherrell Greene）在2008年进行的一项研究得出的结论是，生产约100MW$_{th}$的核电站足以提供在美国一个最先进的生物精炼厂生产液体燃料所需的所有工艺热量[6]。这种适度的热量需求是由于生物精炼厂的规模取决于散装生物质的运输成本，这将原料供应的范围限制在大约50英里。

大多数对工艺热应用的研究都汇总了一个国家或全球的能源使用情况。这对于了解潜在市场的规模很有用，但并未说明将热量输送到各个站点的选项。已有一些研究提供了有关各个工厂的能源需求的数据。李宁[7]在题为"核反应堆的范式转变：从单位规模的经济到生产规模的经济"的论文中指出，典型的200000桶/日炼焦厂的热需求约为1100MW$_{th}$[7]。他进一步建议，可靠性要求将暗示热源的模块化，也许是3个400~600MW$_{th}$模块。李还指出，典型的氧化铝精炼厂大约需要100MW$_{th}$和33MW$_e$。NuScale研究报告了类似的结果，该研究发现，每天消耗25万桶的炼油厂需要大约1700MW$_{th}$的外部供热[8]。NuScale的第二项研究表明，商业规模的海水淡化厂每天生产190000m³（每天5000万加仑）的净水，根据淡化技术的选择不同，需要消耗150~550MW·h[9]。最后，欧盟委员会联合研究中心发表的一篇论文指出，在欧洲工业市场上，几个工业工艺的每个站点的平均热需求在100~400MW$_{th}$之间。其中包括生产各种产品的工厂,如化学品、水泥、钢铁、纯碱和氧化铝[10]。

总而言之,大小确实很重要。对于电力需求大和传输基础设施充足的地区,大型核电站提供了一种有吸引力的解决方案。对于较小的区域需求以及存在有限电网甚至没有电网的区域,SMR 提供了独特的解决方案,可提供充足、清洁和可靠的能源。对于工业用户,SMR 可以扩展以涵盖广泛的热能应用。

7.2 模块化的好处

模块化是与小尺寸相关的同等重要的因素,它们共同提供可扩展的解决方案,以满足广泛的潜在应用。当我快速浏览整个房间时,我看到了一些模块化的例子。一个例子是我女儿最近的礼物:一对无线电遥控碰碰车(实际上,玩起来很有趣)。每辆汽车和每个控制器需要多个电池,总共 14 块。虽然对于一个玩具来说这是令人惊讶的电池数量,但使用一种类型的电池(AA 电池)就可以满足电源需求。幸运的是,出于这种目的,我手头上有这些存储。AA 电池的小型模块化特性使玩具制造商可以使用单个标准化的能量电池来定制玩具各个组件的功率要求(每辆汽车 4 个,每个控制器 3 个)。另一个好处是,由于批量生产,电池相对便宜。

一个更复杂的例子是超级计算机。当我开始在 ORNL 的职业生涯时,大型计算机是 IBM 360 型。它既庞大又昂贵,只有富裕的研究机构才有。随着实验室升级到更大,更快的单处理器计算机,大型机的这种趋势继续存在,最终以数百万美元的价格购买了 Cray YMP 超级计算机。然后在 20 世纪 90 年代初期,IBM 推出了个人工作站,该工作站为单个用户提供了充分的计算功能,价格为数千美元。研究人员很快发现,可以将这些单元聚集在一起以创建部门计算服务器,而所需费用仅为实验室大型机成本的一小部分。他们还可以完全控制计算资源的管理方式,而不是受中央信息技术小组的支配。从单处理器大型机到工作站集群的过渡为计算社区与并行计算这一全新的计算范例建立了桥梁。如今,ORNL 的展示超级计算机称为 Titan,使用并行的 299000 个小型处理器可产生惊人的 20petaflop/s(2000 亿次/s 计算)的计算能力。

除了常见的消费电池,整个能源行业还存在模块化的例子。全球最大的太阳能农场位于加利福尼亚州,由 900 万块单独的太阳能电池板产生 500MW$_e$ 以上的能量。数兆瓦的风电场由数千个 1~2MW$_e$ 的风力涡轮机组成。此外,我在第 6 章中提到,许多燃煤电厂都是由多个小型锅炉组成的,如田纳西州的 1400MW$_e$ 金斯顿蒸汽电厂,它使用 9 台 175~200MW$_e$ 锅炉。实际上,核能似乎是仅使用大型单机组发电站的能源行业中的最后一个例子。

多模块工厂允许所有者以与需求增长更加匹配的速度建设新的产能,并允许以适度的增量来构建本地电网产能。如第 6 章所述,这为所有者提供了操作上的灵活性,并对工厂的经济产生了有利的影响。除了减少现金支出和更好地满足需求的经济优势,核电站的模块化还提供了将标准化提高到新水平的机会。美国在 20 世纪 60 年代和 70 年代最初建设的核电站标准化工作中表现不佳。几乎每家工厂都是"一次性"设计。法国和韩国等国家随后的核扩建工作在保持其商业反应堆机群标准化方面做得更好,可以提高效率并降低成本。在美国兴建的新工厂也有望提高标准化水平,但要断定供应商和新客户是否会遵守这一目标还为时过早。模块化工厂促进了高度标准化反应堆系统的可能性,非常类似于 AA 电池的严格标准,同时还为所有者提供了定制非安全级平衡工厂的能力。

SMR 可以提供更高程度的反应堆系统标准化,这也应加快机队范围内系统管理的实施,这与其他行业(如飞机行业中的喷气发动机)所做的类似。罗尔斯·罗伊斯能够使用传感器和实时卫星馈送来监视数千个使用中的喷气发动机的各种运行参数,以在潜在问题发生之前进行预测[11]。实时监控每个模块运行状况的能力可以通过及早发现组件异常行为来进一步提高工厂安全性,并允许及时维修或更换。操作一组标准化模块的进一步简化和经济优势是在减少备件库存和维护人员资格方面所获得的效率。

7.3 选址的好处

2009 年,田纳西州参议员拉马尔·亚历山大(Lamar Alexander)宣布了一项倡议,通过扩大家用核电来解决空气质量和气候变暖问题[12]。他建议美国在未来 20 年内建造 100 座新核电站。ORNL 的研究人员着手确定美国是否有足够的合格土地来安置这批新的核电站(假设是大型核电站)。他们的努力导致开发了一种名为"橡树岭选址分析"的站点筛选工具,用于发电扩展(OR-SAGE)。该工具组合了大约 30 个地理信息系统数据集,以便在覆盖整个美国大陆的 100m×100m 电网上执行候选站点的多参数筛选[13]。他们首先使用该工具来确定适合 SMR 和大型工厂的土地面积。他们的研究最惊人的结果是,相对于大型(1600MW$_e$)电厂,SMR 的站点可用性大约增加了 2 倍。增加的原因有很多,主要是 SMR 的工厂占地面积较小和用水量减少。根据研究中使用的 10 个筛选标准,大约有 25% 的美国土地面积(包括至少 48 个州中每个州的土地)适合于 SMR。

ORNL 研究人员观察到,用水是 SMR 的最大区别。几乎在所有国家中,一个日益严重的问题是是否有足够的冷却水来有效排出发电厂的热量。在美国，大约40%的淡水抽取量用于热电厂的冷却。根据蒸汽兰金动力转换周期的热力学效率，发电厂将其产生的热能的大约2/3通过冷却塔排放到环境中，通常是相邻的水体或大气。规模较小的工厂产生的功率较少，因此将较少的功率作为余热排出。这意味着或者需要更少的取水量，或者可以以较小的温度升高将冷却水从设备中排出。反过来，这使得SMR可以在只有小河流或小流量河流的地区以及较温暖的气候条件下运行，而不会超出水温限制。尽管在这种情况下功率转换效率降低了几个百分点，但仍有一些SMR宣称使用冷凝器的空气冷却而不是用水冷却。即使效率降低，干式冷却也可能是该国干旱地区的唯一选择。ORNL OR-SAGE分析表明，SMR的干式冷却使SMR的合适土地面积增加了一倍，达到美国总土地面积的近60%。

原则上，SMR核岛的较小建筑面积可以促进地震隔离器的使用，类似于在世界地震多发地区（如日本）用于常规建筑物的隔离器。这将基本上消除最重要的针对特定地点的设计考虑因素（工厂的抗震能力），并将进一步实现更高的设计标准化。更重要的是，地震隔离器的使用将通过显著降低地震引起的损坏的可能性来提高电厂的安全性。通用电气公司开发的PRISM反应堆设计是第一个包含核岛隔震的设计。其他设计已经考虑了这种方法，但是还没有建造具有此功能的核电站。对于多模块工厂，将单个模块进行地震隔离可能比隔离整个反应堆建筑物更好。经济和监管因素将决定最终的解决方案。

如果能够实现SMR的重大选址灵活性，那么它有机会简化工厂的应急管理计划，包括减少工厂的应急计划区（EPZ）的可能。当前，美国NRC将现有核电站和新核电站的出口加工区的烟羽暴露距离设置为10英里，摄入途径的排放距离设置为50英里。但是，美国NRC允许执照申请人请求减少EPZ，并许可了几个EPZ为5英里的小型反应堆。其中包括圣符伦堡（842MW_{th}）、大罗克波因特（240MW_{th}）和拉克罗斯（165MW_{th}）电厂，尽管这些电厂均未投入运营[14]。如第5章所述，由于创新的工程设计和被动安全系统的广泛使用，新的SMR设计有望显著增强安全性和对事故的适应能力。由于较小的反应堆堆芯尺寸，它们还将减少事故源，并且如果确实发生了燃料损坏，就可能包含裂变产物释放的附加屏障。因此，SMR应该有可能证明减小的EPZ尺寸是合理的，同时不会增加对公众的风险。

为了认识到这一机遇及其价值，SMR社区一直在与核能研究所（NEI）合作，开发和追求一种方法，以得出与工厂风险相对应的SMR的适当"优化"应急准备。NEI在2013年12月向NRC提交了有关该主题的白皮书，描述了建立"针对小型模块化反应堆场址的技术中立,基于剂量、注重结果的应急准备框架"的方法[15]。NRC 在 2015 年接受了拟议的方法,要求执照申请人为拟议的应急计划行动(包括出口加工区的范围)提供充分的技术基础。

出于多种原因,针对 SMR 的 EPZ 的优化非常有价值。首先,爱达荷州国家实验室的一项分析确定,建立一个 10 英里出口加工区的平均成本约为每座工厂 1000 万美元,并且要加上每年的运营成本 200 万美元以上[14]。如果可以证明减少的出口加工区是合理的,那么将节省大量这些成本。更重要的是,减少的出口加工区有助于将工厂选址在人口中心附近,而不会造成紧急计划要求的高昂成本和令人震惊的社会后果。如果要使 SMR 作为小型、偏远社区的分布式发电的成功选择,这一点尤其重要。减少的 EPZ 也将有助于促进 SMR 的更广泛的任务,特别是工艺热任务。在这种情况下,将反应器与工业用户并置在一起对于最小化因冗长蒸汽分配管线造成的热损失非常重要。这使我们获得了 SMR 提供的第 4 种主要灵活性:适用于非电气应用。

7.4 对热应用的适应性

小型反应堆的巨大吸引力在于它们具有进入传统无核能能源市场的灵活性。利用核能产生的热量代替化石燃料燃烧产生的热量,可以使一些能源密集型应用显著受益。这不仅可以减少温室效应气体的排放,而且还可以将化石资源用作生产更高价值产品(如石化产品和塑料)的原料。在美国,发电产生的碳排放量仅占碳总排放量的 40%,因此我们必须共同努力来降低碳总排放量,在工业部门和发电部门中用不排放燃料替代化石燃料。

SMR 之所以适合此任务,很大程度上是由于它们的小巧和模块化以及较小程度的选址灵活性。核热的主要应用包括以下几个方面:

(1) 区域供暖;
(2) 水脱盐和净化;
(3) 先进的采油工艺和炼油;
(4) 制氢以富集液体燃料并最终用于燃料电池应用;
(5) 先进的能源转换过程,如煤制油和石化生产;
(6) 化学或制造过程的一般工艺热量。

在所有情况下,由于前面讨论了许多考虑,与大型工厂相比,较小尺寸、坚固的反应堆更适合与这些应用程序集成。我将把这些原因的分析推迟到第 8 章,本章是客户为中心的 SMR 视图。在本节中,我将提供上面列出的前 3 个非电气应用的示例,并将重点放在有助于与工业应用耦合的 SMR 的技术方面。在某些情况下,当前的 SMR 设计可能并不足够,至少在没有进行重大重新设计的情况下,我也强调了这些设计。

核电站与非电力应用的最合乎逻辑的集成是将两个设施并置在一起,并将核电站专用于工业设施。能量耦合可以是仅热的或热和电的组合。后者的布置通常称为热电联产。共置方面是 SMR 与大型发电厂相比具有明显优势的原因,因为其较小的输出通常更适合单个工厂。国际原子能机构(IAEA)对核电站的非电力应用进行了许多研究,包括传统水冷堆和先进的非水冷反应堆。2007 年发布的《水冷核电站的高级应用》(*Advanced Applications of Water-Cooled Nuclear Power Plants*)中报告了对水冷堆主题的特别详尽的综述[16]。

7.4.1 区域供热

非电力应用对核电来说并非是全新的。最常见的例子是区域供热。目前,在 9 个国家和地区的 21 个站点的 59 个核电站为住宅和/或工业客户提供区域供热,其中包括保加利亚、捷克、匈牙利、印度、罗马尼亚、俄罗斯、斯洛伐克、瑞士和乌克兰[16]。区域供热需要相对较低的温度,通常为 80~150℃。尽管可以使用蒸汽将热量传递给最终用户,但由于其较高的热容量,因此更经常使用水,从而减少了运输过程中的热量损失(长达数千米)。反应堆与区域供热系统的耦合非常简单:使反应堆的输出蒸汽通过外部热交换器进行循环,以将热量传递到水的循环回路中。最常见的是,热电厂以热电联产的方式运行,也就是说,它既发电又供热。在这种情况下,蒸汽通常从涡轮机的中间阶段抽出并转移到外部热交换器,而其余的蒸汽则用于运行涡轮机/发电机设备。

尽管化石和核能的大型发电厂可以并且确实支持区域供热应用,但由于 SMR 的小巧和模块化,它们提供了灵活和可扩展的选择。显然,热需求与人口规模和气候直接相关。它也可能具有强烈的季节性变化。一个小镇的峰值热负荷为 10~50MW_{th},中型城市为 800~1200MW_{th}。对于高纬度大型城市,华沙的地区供热高峰约为 4000MW_{th}。专用的大型发电厂可以容纳大量的热量。但是,传热线会变得过长。即使在这个高需求的市场中,也需要多个较小的热源。而且,某些 SMR 工厂的模块化可以使各个模块专用于区域供热系统的供热或发电。此功能将提高工厂平衡系统的简便性,并提高整个工厂的效率。

7.4.2 水脱盐

就与核电站的连接容易程度而言,水脱盐类似于区域供热。但是用于脱盐的商业反应堆要少得多,少于 15 个。鉴于全球大约有 16000 个海水淡化厂,核提供的热量仅占全球海水淡化能力的不到 0.1%[14]。作为核脱盐的例子,哈萨克斯坦在阿克套(Aktau)地区运营了一个蒸馏式脱盐厂,历时27年,直到该反应堆于1999年关闭。印度于2002年将淡化厂与马德拉斯原子能核电站相连接,并于2009年与库丹库拉姆(Kudankulam)核电站相连接。日本在核动力淡化厂方面积累了很多经验,2011年在全国范围内关闭其核电站之前,已经在4个核电站现场运行了10个脱盐装置[17]。与数量有限的商业核脱盐相反,核动力海军舰船通常使用核能来淡化海水。

脱盐方法的选择,以及因此将SMR集成到脱盐工厂的选择,主要取决于原水和所需产品水的特性。例如,反渗透(RO)技术对许多用户而言具有最佳的净化效率,但对于有机物含量高或盐度高的给水而言效果不佳。此外,反渗透产品水可能需要进行其他处理才能达到较高的目标纯度。两种常见的热蒸馏工艺,即多级闪蒸(MSF)和多效蒸馏(MED),对"脏"或"咸"给水的耐受性要强得多,并能产生高纯水,但效率比RO低。因此,结合使用反渗透和MSF或MED技术的混合方法变得越来越普遍。

多家SMR供应商在宣传其适用于海水淡化。两种设计均已获得其监管机构的设计批准:韩国开发的SMART反应堆和俄罗斯联邦开发的驳船式KLT-40S反应堆。两者都被作为热电联产厂出售,用于生产电力和水。与区域供热的热电联产类似,海水淡化厂的热量通常是在100~125℃的温度下从低压涡轮级提取的,并通过外部热交换器循环。

在NuScale Power的一项研究中[9],我们与阿奎特国际股份有限公司(Aquatech International)合作研究了将NuScale SMR工厂连接到RO、MSF和MED海水淡化工厂的技术选择。我们研究了为海水淡化厂提供热量的3种选择:进入汽轮机之前取的高压(HP)蒸汽、从涡轮中间级取的中压(MP)蒸汽和从涡轮的末端排气口取的低压(LP)蒸汽。每个选项在不同的脱盐技术中产生不同的净水效率。就反渗透工厂而言,核电站的废热被用来预热反渗透给水,以进一步提高其效率。

图7.2显示了核电和海水淡化厂的两种产品之间的关系:电力和水。该图显示了RO工艺由于其高转化效率而在产生水方面的明显优势。这是以水质为代价的,因为反渗透工艺产生的水纯度低于热蒸馏工艺。对于热脱盐工艺,当使用低压蒸汽时,工厂的电力输出较高。需要权衡是随着动力源从高压蒸汽降至中压蒸汽再到低压蒸汽,操作灵活性不断下降。

SMR的模块化有助于恢复一定的灵活性。在这种情况下,一个大小为$50MW_e/160MW_{th}$的SMR模块足以从反渗透工厂产生$200000m^3/d$的纯净水(对于商业海水淡化厂来说是一个合理的尺寸),而4个模块将产生MED工厂相似量的水和6个模块将产生MSF工厂相似量的水。在后两种情况下,每个模块还产生可销售的电力,因此当地的水电价格将影响电力与水生产之间的最有利平

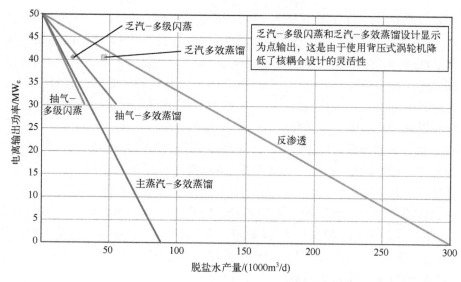

图 7.2　单个 160MW$_{th}$ SMR 模块与各种脱盐工艺相结合后的水电产品之间的关系[9]

衡。关键是,SMR 的模块化使工厂所有者可以灵活地评估此平衡并随着市场条件的变化而调整平衡关系。

7.4.3　采油和炼油

我提供的有关 SMR 在非电气应用中的灵活性的第 3 个示例是石油的回收和精炼。美国大多数易于获取的原油已经枯竭,石油公司正在利用能源密集型流程来提高现有油田的采收率,从焦油砂等新地层中开采或从非传统来源(如油页岩)中开采。如果从焦油砂中提高采收率,那么 90% 的能源消耗是蒸汽,称为"蒸汽辅助重力排放"过程。蒸汽就地注入以降低油的黏度,然后可以使用常规方法将其抽出。蒸汽质量通常很低而且很脏。对于油页岩,油实际上以干酪根的形式包含在沉积岩中,通过缓慢加热将其转化为轻油和其他产品[18]。加热既可以是地下加热作业的一部分,也可以在开采和运输到中央设施后进行加热和采油。

强化采油工艺的温度要求通常为 250~350℃。通常优选热电联产,因为对于泵送操作和一般的清洁功能需要适量的电力。如果允许岩层显著冷却,那么加热过程中的长时间中断会变得昂贵。因此,原则上,小型的模块化热源(如 SMR)应该是采油的良好技术解决方案。但是,挑战似乎受经济和物流方面的因素支配。首先,石油采收应用需要非常小的能源在地理上分布的阵列。这可能要求将核模块部署为单个或几个模块的集群,这将大大增加建筑、运营和安全性的成本[18]。

现场采油的另一个后勤问题是现场作业的寿命与预期的 SMR 设备使用寿命有关。使用增强的采收工艺提取重油或沥青砂油可能会在 10~15 年内完全耗尽特定的油田。可以通过使用水平钻井来增加该枯竭时间,从而延长了油井的延伸范围。即使这样,对固定位置热源的需求也可能比核电站通常的 60 年寿命明显短。当前,石油公司使用移动天然气装置提供能量。可比较的核选择可能包括开发设计移动式核电站或 10~20 年较短寿命的核电站。这些选择有其自身的挑战,需要长期的研发工作。对于油页岩,有迹象表明沉积物足够大,加热过程充分拖延,因此从这些地层中采油可能需要数十年的时间,因此更适合具有传统设计寿命的核电站。

尽管这些经济和后勤方面的考虑使面向原位采油的核方案颇具挑战性,但非原位采油(在其他地方开采和加工页岩油)是一种有前途的应用,它克服了原位采油的分散和迁移问题。此外,从焦油砂中回收的油质量很低,以至于需要在位于油田附近的升级设施中进行加工。升级设施基本上是指可以为大型采油区提供服务的现场精炼厂。随着本地采油作业迁移到更大油田的新区域,石油将通过更长的管道逐步输送到升级油井。与精炼厂相似,升级设施具有更长的使用寿命和能源需求特性,对于 SMR 应用而言,升级机似乎是更有希望的耗能设备。

精炼厂的能源需求代表了 SMR 的更实际和潜在的应用。精炼厂是大型的能源密集型的工业综合体,具有类似于核电站的较长使用寿命。尽管精炼厂的最初设计寿命可能为 20 年,但随着技术的进步和产品市场的发展,它们通常会进行升级,并且通常会运行数十年。美国运行时间最长的精炼厂之一是怀俄明州罗林斯附近的卡斯珀精炼厂,已有 90 年的运营历史。此外,许多炼油厂位于人口较少的地区,并设有工业禁区。2007 年,美国共有 145 座炼油厂,平均炼油厂使用功率约为 650MW·h。一些大的炼油厂的使用量可能超过 2000MW·h[19]。

对于这种应用(至少是多模块 SMR 工厂)而言,SMR 的一个吸引人的特点是可以为模块加油。如果中断,许多精炼工艺效率将非常低下,因此对可靠性的要求很高。多模块 SMR 工厂可提供冗余并持续的热量。然而,与区域供热和淡化相比,从 SMR 到炼油厂中各种工艺流程的实际热量耦合要简单得多。各个过程需要不同的温度和不同的传热速率。一些过程使用直接燃烧的热量,这很难用外部热源(如核反应堆)复制。同样,会产生一种称为炼油厂燃料气的废物产品,可用于提供工厂所需的一些燃烧热,而不会产生额外的燃料成本。

NuScale Power 与 Fluor 公司合作,研究了核电站与典型大型炼油厂之间潜在的耦合程度[8]。作为案例研究,我们选择了一家能够每天处理 250000 桶原油的炼油厂,以生产柴油、汽油、石油焦和其他石油产品。表 7.2 列出了此精炼厂的预期能源需求。6个NuScale模块足以为精炼厂提供所需的250MW。电力,以及NuScale工厂的房屋负荷。为了确定需要多少模块来满足非电能需求,需要对精炼厂的详细工艺流程特征进行审查。炼油厂的燃气所产生的热量是不可取的,因为这是炼油厂过程的副产品,并且基本上是免费的。同样,在甲烷重整过程中使用天然气似乎是制氢最有效的过程。该研究得出的结论是,通常由燃烧天然气提供的精炼厂1800MBtu/h的热负荷中,大约有1660MBtu/h(1Btu ≈ 1.005kJ)的热量可以用核能供应的蒸汽来实际满足。除了提供电力负载所需的6个模块,这还需要4个NuScale模块。因此,根据这些假设,一个拥有10个模块的NuScale工厂与250000桶/天的炼油厂是合适的匹配,并且可以使炼油厂的CO_2排放减少36%(190MT/h)。

表7.2 典型日产量为25万桶的炼油厂的一次能源需求

传统热源	能源需求/(MBtu/h)	可被SMR模块替换的能源/(MBtu/h)
天然气		
250MW的电力	1900	1900
用于氢气生产	4100	无
对于燃烧加热器	1800	1660
用于指示灯	140	无
炼油厂燃气		
对于燃烧加热器	2000	无

7.4.4 混合能源系统应用

大约5年前,由史蒂夫·奥梅耶(Steve Aumeier)领导,后来由理查德·波德曼(Richard Boardman)领导的爱达荷州国家实验室(INL)的一小群热情的化学工程师向我介绍了混合能源系统(HES)的话题。我接受这个概念很慢,可能是因为化学工程师说的语言与核工程师说的语言不同,而且我缺少一名翻译。我现在相信,HES将成为未来能源不断发展的一部分。原则上,HES本质上适用于所有能源,无论大小。我将在本章讨论HES这一主题,因为有很多原因促使小型发电机组在实现HES时具有更大的灵活性。INL的香农·布拉格-西顿(Shannon Bragg-Sitton)在《小型模块化核反应堆手册》第13章中以及INL技术报告[20]中对HES[21]进行了很好的概述,尤其是SMR在该应用中的优势。

HES是多个能源和多种能源使用的集合,集成到一个优化的系统中,该系统使每个能源、生产过程和存储接口都可以在其"最佳位置"运行,即以使其效率和经济性最大化的方式运行。它汇集了上面讨论的所有热电联产应用程序以及更多内容。图7.3所示为我对HES的简化表示。在此示例中,将4个能量生成器(2个直接产生电能,2个直接产生热量)耦合到2个能源用户:电网和海水淡化厂。该图的重点在于能源紧密耦合,也就是说,它们在分配到电网或工艺热电厂之前将其能量输出合并在一起。正是这种"幕后"的耦合真正实现了各种能量输出的最优化[22]。这些组件共同构成了具有可变发电机和可变负载的高动态系统。

图7.3显示了4个不同的能源生产者和2个能源衍生产品。如果实施得当,HES应该允许每个功能组件以最佳方式运行。尽管SMR可以适应负载跟踪操作,但在全功率下连续运行它们在经济和操作上都更好。在HES中,可以通过将发电和供热转换为不同的产品过程来适应电网负载和间歇发电机的变化。从SMR的角度来看,负载跟踪由负载切换或Bragg-Sitton所谓的"负载动态"操作代替。

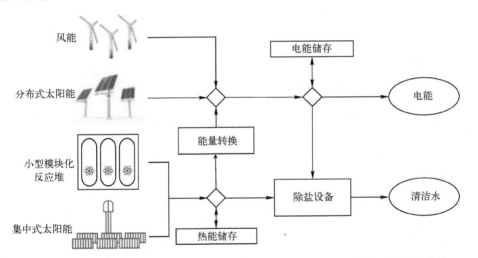

图7.3 混合能源系统的概念,显示4个不同的能源生产者和2个能源衍生的产品

但是,还有许多其他过程对热传递速率高度敏感。如果这样做,这些过程仍可以合并到HES中,以确保连续的能量输入。乔治·洛卡泰利(Giorgio Locatelli)在其关于负荷跟踪与热电联产的论文中列举了这种区别的一个很好的例子,他在其中比较了动态能量输送对生物燃料生产和淡化海水的影响[23]。模块化是应对这个复杂的优化问题的关键。风能和光伏太阳能已经高度模块化,而聚光太阳能由于集光效率而趋向于模块化。SMR还允许核组件模块化。在系统的用户端也是如此,幸运的是许多工业过程已经模块化。Bragg-Sitton列举了用于HES的SMR的其他好处,包括较小的单位尺寸、增加的建筑面积和选址灵活性。

第二部分到此结束。本书的这一部分主要致力于适度详细地说明 SMR 与大型工厂的不同之处，以及使其能够实现更高水平的安全性、增强的承受能力及为各种能源应用扩展的灵活性的功能。在第三部分(也是最后一部分)中，我将从客户的角度探讨这些好处，并评估最终 SMR 部署仍然面临的若干挑战以及这些挑战可能带来的机遇。在最后一章，我将重新审视 SMR 的开放性问题：核电未来的兴衰。

参考文献

[1] Carelli MD, Ingersoll DT. *Handbook of small modular nuclear reactors.* Cambridge (UK): Woodhead Publishing; 2014.

[2] *Advances in small modular reactor technology development.* International Atomic Energy Agency; 2014. Available at: http://aris.iaea.org.

[3] *Global database of operational generation plants.* 3rd ed. Research and Markets, Ltd; 2006.

[4] *Technical and economic aspects of load following with nuclear power plants.* Nuclear Energy Agency; June 2011.

[5] Ingersoll DT, et al. Can nuclear power and renewables be friends? In: *Proceedings of the international conference on advances in power plants*, Nice, France, May 3-6, 2015.

[6] Greene SR, Flanagan GF, Borole AP. *Integration of biorefineries and nuclear cogeneration power plants—a preliminary analysis.* Oak Ridge National Laboratory; 2008. ORNL/TM-2008/102.

[7] Li N. A paradigm shift needed for nuclear reactors: from economies of Unit scale to economies of production scale, In: *Proceedings of the international congress on advanced power plants*, Tokyo, Japan, May 10-14, 2009.

[8] Ingersoll DT, Colbert C, Bromm R, Houghton Z. NuScale energy Supply for oil recovery and refining applications, In: *Proceedings of the 2014 international congress on advances in nuclear power plants*, Charlotte, NC, USA, April 6-9, 2014.

[9] Ingersoll DT, Houghton ZJ, Bromm R, Desportes C. NuScale small modular reactor for co-generation of electricity and water. *Desalination* 2014;**340**:84-93.

[10] Carlsson J, et al. Economic viability of small nuclear reactors in future European cogeneration markets. *Energy Policy* 2012;**43**:396-406.

[11] *Rolls Royce engine health management system.* 2015. Available at: http://www.rolls-royce.com/about/technology/enabling_technologies/engine-health-management/.

[12] Sen. Alexander L. (R,TN). Build 100 new nuclear power plants in 20 years for a rebirth of industrial America while we figure out renewable electricity, address to the Tennessee Valley Corridor Summit, Oak Ridge, TN, May 27, 2009.

[13] Belles RJ, Mays GT, Omitaomu OA, Poore WP. *Updated application of spatial data modeling and geographical information systems for identification of potential siting options for small modular reactors.* Oak Ridge National Laboratory; 2012. ORNL/TM-2012/403.

[14] *Opportunities in SMR emergency planning.* Idaho National Laboratory; 2014. INL/EXT-14-33137.

[15] *Proposed methodology and criteria for establishing the technical basis for small modular reactor planning zone*. Nuclear Energy Institute; Submitted to the US Nuclear Regulatory Commission on December 23, 2013.

[16] *Advanced applications of water-cooled nuclear power plants*. International Atomic Energy Agency; 2007. IAEA-TECDOC-1584.

[17] *Nuclear desalination*. World Nuclear Association; July 2013. Available at: www.worldnuclear.org/info/Non-Power-Nuclear-Applications/Industry/Nuclear-Desalination.

[18] Curtis D, Forsberg CW. Light-water-reactor arrays for production of shale oil and variable electricity. *ANS Trans* 2013; **108**.

[19] Konefal J, Rackiewicz D. *Survey of HTGR process energy applications*. May 2008. MPR-3181.

[20] Bragg-Sitton S. Hybrid energy systems using small modular reactors. Chapter 13. In: *Handbook of small modular nuclear reactors*. Cambridge (UK): Woodhead Publishing; 2014.

[21] Bragg-Sitton S, et al. *Value proposition for load-following small modular reactor hybrid energy systems*. Idaho National Laboratory; 2013. INL/EXT-13-29298.

[22] Ruth MF, et al. Nuclear – Renewable hybrid energy systems: opportunities, interconnections, and needs. *Energy Convers Manage* 2014; **78**: 684–94.

[23] Locatelli G, Boarin S, Pellegrino F, Ricotti M. Load following with Small Modular Reactors (SMR): a real options analysis. *Energy* 2014. Available at: http://dx.doi.org/10.1016/j.energy.2014.11.040

第 3 部分

对现实的保证

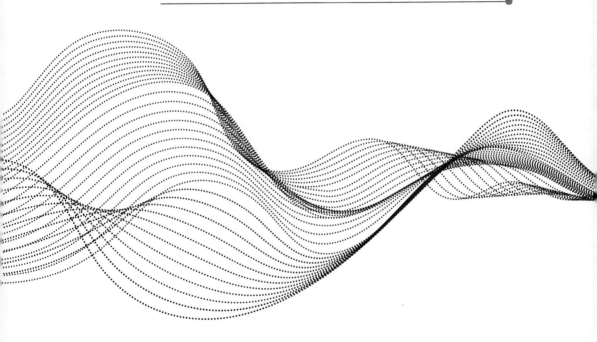

第 8 章
小型模块化反应堆的潜在客户

前 3 章从技术人员的角度探讨了 SMR,并可能给人留下了 SMR 仅仅是一个典型"技术推动"的印象,有时评论家会给 SMR 贴上一个标签,以证实他们对 SMR 只是昙花一现的预言。事实上,世界各地的潜在客户已经并将继续对 SMR 持有很大的兴趣。因此,在本章中,我主要基于过去几年与对 SMR 感兴趣客户的直接接触,从客户的角度来处理 SMR 的案例。我还提供了前面讨论的 SMR 各种属性与几个不同类型的潜在客户的特定能源需求、期望和约束之间的交叉连接。由于 SMR 的主要目的是将核能选项扩展到新类型的客户,相比于传统的大电网、基本负载需求的客户,许多新型客户有明显不同的需求和期望。因为在前面的章节中已经进行了详细的介绍,本章将不再赘述 SMR 的具体优势。然而,从以客户为中心的角度介绍 SMR 的优势应该有助于解释为什么有这么多不同的支持者对 SMR 有浓厚的兴趣,以及为什么 SMR 不仅仅是"技术推动"。简而言之,本章有助于从买家的角度来回答"为什么是 SMR?"和"为什么是现在"的问题。我将从发展中国家开始讲起,因为我认为由 SMR 所推动的核能具有改善这些国家未来的最大潜力。

8.1 新型国家

对未来能源需求的预测与典型的经济预测一样,有价值但预测结果几乎是错的。因此,尽管我不会认真对待这些预测的准确数字,但与未来能源需求相关的一些明显趋势是不容置疑的:

(1) 世界人口将持续增长;
(2) 生活质量低的国家将设法通过工业化来改善其经济;
(3) 发达国家将寻求保持或未来进一步提高他们的生活质量的方式;
(4) 日益严重的缺水问题将要求几乎所有的国家使用更多的能源来生产清

洁水。

这些综合因素将导致全球能源需求的迅速和持续增长。分析人士普遍认为,2040—2050年预计全球能源需求将增长一倍,其中很大一部分增长(75%~80%)将来自新兴经济体。在这种形式下,由于二氧化碳和一氧化二氮等温室气体(GHG)的广泛排放,以及由于二氧化硫和汞等酸性气体和有毒金属的排放而导致的一般空气质量问题,引起了人们对全球气候变化影响的迅速关注。能源消耗的快速增长、能源资源的减少以及对能源质量日益严格的限制,给发展中国家带来了严重的困境。如今,每个工业化国家都经历了空气质量差和环境恶劣的时期,以生产满足其工业化所需的大量能源。中国现在正在经历这种明显的"通过仪式",并且才刚刚开始处理空气质量问题。对于尚未实现工业化的国家而言,挑战在于国际压力和正式协议可能不再容许批发使用脏燃料。那么这些新兴国家将如何确保实现其经济和社会目标所需的能源呢?

在2006年美国能源部(DOE)推出其全球核能伙伴关系(GNEP)计划时,我抓住了这个机会,与GNEP的特定组成部分接触,该组成部分专注于小功率反应堆的国际部署,这被称为适当的电网反应堆计划。通过参与IRIS,我已经完全接受了SMR的优点,并且由于IRIS联盟的跨国性质,我对国际市场有了相当深入的了解。我坚信,第一次购买SMR将需要一个积极进取的客户,这个客户几乎没有其他选择,并且这个客户将是一个小的发展中国家。确实,一些新兴经济体国家的SMR案例非常有说服力。但是,在访问了其中几个国家并参加了由国际原子能机构(IAEA)主办的多次跨国会议之后,我开始体会到将核电引入这些国家所面临的巨大挑战,以及与SMR相关的一些令人惊讶的期望。

许多发展中国家正经历着迅速的电力需求增长(每年8%~10%),但已经耗尽了其本国的能源资源。面对通过进口石油、煤炭或天然气等化石燃料还是启动核能以满足其需求增长的选择,许多国家选择了核能。加纳的一位代表第一个向能源部寻求帮助,希望作为GNEP计划的一部分在加纳部署SMR。他们唯一的本地能源是水力发电,但是持续的干旱严重降低了许多水库的水位。他们面临着进口哪种新能源的必然选择。加纳对能源选择的初步研究得出的结论是,核电是一个可行的选择。但是,在他们的海岸上只有几个地方可以容纳一个大型核电站[1]。SMR似乎更适合他们在全国各地社区的地理分布以及有限的基础设施。另外,加纳当时的总发电量还不到2000MW[2],因此,出于电网稳定性和"旋转备用"考虑,无法选择大型电厂。

加纳的能源状况是几个国家的代表,这些国家最终向能源部寻求帮助以推行SMR。寻求启动核电计划的大多数国家都严格限制了其在当地电网上能够负担和运行的电厂规模。认识到这一点,国际原子能机构开展了一项名为"通用用户注意事项"的两年计划,以探讨发展中国家的需求和制约因素。研究得出的结论是,在考虑当地电网容量和财务限制时,大约60%的国家仅限于考虑小于600MW$_e$的电厂规模[3]。这些国家合计占未来几十年全球能源需求增长预期的一半以上,因此代表着新SMR设计的重要客户群。正是我参加了IAEA的"通用用户注意事项"研究,使我对寻求启动核电计划的发展中国家的主要期望有了最好的总体看法。第一个惊喜是他们坚持只考虑经过验证的(示范性)技术,这对他们来说意味着已经在某处(至少在该供应商所在的国家/地区)建造和运营了至少几年的商业电厂设计。由于没有任何地方已经建造过现代的SMR设计,并且在研究之时,甚至没有一家监管机构获得许可,这给他们带来了直接的困境。与此相关的是,他们希望不被视为"小鼠",也就是说,他们期望有证据表明新的电厂设计在出口之前对供应商所在的国家有价值并已在其国家部署。尽管这是一个合理的期望,但这个国内优先的目标还是有一些明显的例外。具体来说,阿海珐的第一座EPR电厂是在芬兰建造的,而西屋AP-1000在中国建造了前两座双机组电厂。但是,在这两种情况下,随后的电厂建设都是在供应商所在的国家/地区启动的。

发展中国家的第三项主要要求是在电厂的整个生命周期中确保燃料、部件和服务的供应。这似乎是一个奇怪的期望,但是许多较小的国家意识到它们很容易受到较大国家的政治杠杆作用。虽然法律协议是一个合理的开始,但他们更喜欢提供多种供应商选择的商业安排,以此作为对零件和服务中断的更可靠的抗衡。最终的主要期望是,反应堆设计应由信誉良好的监管机构(可能是卖方所在国家/地区的监管机构)许可。该要求反映了接收国的监管基础设施有限,也符合其国内优先的预期。购买国仍然有责任在其范围内许可和监管运行中的反应堆,但购买先前认证的设计会增加更多的信心。

发展中国家明确提出的许多要求和期望的共同点是,他们要求第一个核电站项目风险极低,基本上为零。根据财政限制和国家发展目标,当考虑到这些国家中许多国家追求核电站是"拿国家下注"的行为时,这是可以理解的。这种期望可能要求卖方与客户进行更加透明和密切的接触,以确保新电厂不仅将可靠运行,而且可以确保得到长期的支持。

很难评估包括特定国家在内的SMR潜在国际市场的实际规模。国际原子能机构评估有35~45个国家对发展核能项目感兴趣。但是该数字是基于这些国家的自我判断,并不一定客观地反映近期意图或发展能力。杰弗里·布莱克(Geoffrey Black)和能源政策研究所(EPI)的一组研究人员使用系统和定量方法进行了一项研究,以评估全球SMR部署的潜力[4]。该研究是与国际原子能机构合作进行的,是非歧视性的,也就是说,它对所有有足够信誉数据的国家进行了评估。基于包括国内生产总值、人均收入、电网规模和签署《不扩散核武器条约》在内的 4 项筛选标准，最初的 214 个国家减少到了 97 个。其余 97 个国家的评分和排名基于 15 项定量评估标准，其中包括财务和经济状况、技术基础设施以及政府和监管基础设施等因素。表 8.1 列出了排名前 30 的国家。

表 8.1 在 EPI 研究中部署 SMR 适宜性排名前 30 的国家[4]

排名	国　　家	排名	国　　家	排名	国　　家
1	新加坡	11	沙特阿拉伯	21	芬兰
2	卡塔尔	12	以色列	22	智利
3	卢森堡	13	德国	23	斯洛文尼亚
4	爱尔兰	14	比利时	24	巴拿马
5	韩国	15	奥地利	25	美国
6	荷兰	16	爱沙尼亚	26	英国
7	阿拉伯联合酋长国	17	特立尼达和多巴哥	27	丹麦
8	阿曼	18	泰国	28	瑞典
9	巴林	19	瑞士	29	澳大利亚
10	马来西亚	20	塞浦路斯	30	捷克共和国

　　EPI 研究的排名结果出乎意料。解释结果需要理解 4 个筛选标准和 15 个评估标准，为此，我请你回顾相应参考文献。一个不出意料的结果是，新加坡排名最高。我已经听过或阅读了一些国家有关能源状况的资料。我对一篇关于新加坡情况的报告印象特别深刻，并注意到新加坡的 SMR 典型案例。该国是大小适中、人口稠密的岛屿。它的峰值电力需求约为 7GW$_e$，并且只有一个电网连接（至马来西亚）。没有风，太阳能电池板的空间很小，所以他们进口了所有需求的能量。就核电选项而言，撤离不可能是处理事故的方案，因此核电站在安全性和坚固性方面必须几乎是防弹的。由于隔离因素，可靠性也很关键，这意味着具有冗余机组的模块化电厂的可行性。

　　尽管新加坡的情况属于极端的个例，但它代表了许多国家对核电的典型要求，其中包括高水平的安全性和灵活性、高可靠性以及适应其需求和电网基础的设施规模。对于许多国家/地区来说，更大的选址灵活性和对热工艺应用的适用性也被认为是 SMR 的有利属性。这些国家/地区的 SMR 潜在好处之一是，较小的零件尺寸和某些 SMR 的简化系统可以更快、更广泛地本地化国家的劳动力和制造能力[5]。尽管我同意这一说法，但我将其标记为"潜在"好处，因为它与许多 SMR 供应商的假设相反，这些假设认为 SMR 将在其电厂生产并出口到其他国家。几个政治和经济因素最终将决定卖方国家与买方国家之间的供应链最佳平衡,包括诸如材料和人工成本、劳工技能、监管监督等因素。

一些国家,特别是那些与核扩散有关的国家公开地挑战了使核能扩大到更多国家的可取性。确实,部分由 SMR 推动的核能全球扩大计划对技术供应商和用户都负有重大责任。随着越来越多的反应堆建成和更多的国家加入核能领域,对新电厂实施最高水平的安全保障,并充分解决对核武器扩散的担忧是至关重要的。已经在核电方面进行了大量投资的国家必须共同努力,以确保不断增长的核共同体尊重通过核电站安全运行来保护投资的需求。我们应该通过那些帮助我们实现高质量生活的技术,为清洁、丰富、可负担的电力提供可行的选择,为这些国家的发展道路提供便利和协助。否则我们将是不负责任和虚伪的。

原子能机构处于领导位置,其促进核电在世界范围内的使用规模。除了确保核材料具有国际保障,他们还拥有众多的援助计划、专题准则、评估工具和对话论坛,以帮助现有和即将成为的核国家负责任地启动和维持其核计划。大约在"共同用户注意事项"研究的同时,国际原子能机构为新兴国家发布了一份名为《国家核电基础设施发展的里程碑》(*Milestones in the Development of a National Infrastructure for Nuclear Power*)的指南[6]。该文件将新核计划的启动分为 3 个主要里程碑:①对核电计划做出明智的承诺;②第一个核电站招标;③调试和运营第一座核电站。实现这 3 个里程碑所需的活动进一步细分为 19 个特定的基础设施元素,如表 8.2 所列。我评估了 SMR 在促进核电进入新兴国家方面可能对每个基础设施要素产生的影响。相对于大型核电站,SMR 的选择不会严重影响 19 个基础设施要素中的 6 个。但是,许多其余的要素可以通过部署 SMR 得到改善。实际影响将很大程度上取决于所选的特定 SMR 设计,不同设计的功能和技术可能会大相径庭。

表 8.2　IAEA 里程碑报告中的 19 个基础设施要素以及部署 SMR 的影响

基础设施元素	SMR 的潜在影响
国家地位	无影响
核安全	提高安全水平和增强事故应变能力,应有助于利益相关者更快接受
管理	核模块标准化的结果可能是管理经验交叉共享的改善和更高的管理效率
筹资和融资	降低的资本成本(<30 亿美元)更容易融资。分阶段建设电厂可以进一步减少最大债务
法律架构	无影响
保障措施	一些 SMR 可能需要非传统方法来实现保障措施
规章制度	特定的 SMR 技术和特性可能会加速或延迟许可审查
辐射防护	无影响

续表

基础设施元素	SMR 的潜在影响
输电网络	可以部署在更小的电网上并且需要更少的备用容量,也可能对站外电源的可靠性和可用性不太敏感
人力资源开发	高峰建设劳动力和正常运营劳动力明显减少,也可以避免大量的流动劳动力进行加油作业
利益相关者的参与	无影响
场地及配套设施	由于占地面积小、用水量少和传输要求低可以扩大可接受的站点数量
环境保护	允许在地理上分散发电,但可能需要进行其他环境评估
应急预案	可以简化应急预案并减少疏散区域
核安全	内部设计功能可能会为安全性提供其他障碍,并限制蓄意破坏
核燃料循环	无影响
放射性废物	无影响
管理产业参与	简化的设计减少了安全级组件的数量,并将允许更多样化的供应商包括实现本地化加工制造
采购	较小的组件和更高的标准化水平可以简化供应链

8.2 国内公共事业

虽然着手启动核电的国家对 SMR 非常感兴趣,但在其国家启动核电是非常漫长的过程,因此 DOE 将注意力转向评估美国公共事业公司对 SMR 的兴趣。我支持美国能源部的判断,2009—2011 年,其从适用于电网的反应堆计划过渡到以国内为重点的小型模块化反应堆计划。新兴国家明确表示:他们希望我们在国内使用 SMR,或者至少要获得 NRC 对美国开发设计的许可,然后再考虑将其用于他们的国家。由于 NRC 会根据国内优先级分配资源,因此 NRC 的许可仍然意味着国内市场。令我们惊讶的是,无论是大型还是小型的,也无论是否与核相关,不同领域的美国公共事业公司均对 SMR 表现出极大的兴趣。

偶然的时机可能导致国内对 SMR 兴趣的高度关注。当经济危机较为严重时,大型项目的融资方案变得越来越不可行。同样地,对于全球气候变化的担忧也越来越强烈,这暗示着在不久的将来,继续使用化石燃料将变得不可接受。我预料到,小型公共事业和农村合作社将产生最大的兴趣,因为 SMR 的案例对他们而言就像我们一直在追求的新兴小国一样具有吸引力。实际上,在美国,公共事业公司看起来就像在特定领域具有有限需求、资源和基础设施的小型"国家"。确实,较小的公共事业公司在早期表示了极大的兴趣。但是,与新兴国家一样,这些公共事业公司对项目风险的承受能力很低,如果没有相关经验证明,选择 SMR 似乎太冒险了。令我们惊讶的是,一家具有丰富核经验的大型公共事业公司坚定地认可并继续致力于建造第一个国内 SMR:田纳西河谷管理局(TVA)[7]。

尽管 TVA 已经有 5 座大型核电站投入运营,而第 6 座核电站"沃茨巴"2 号正在运营,但该机构很快便认可了 SMR 的几个关键优势。SMR 吸引 TVA 的一个优点是提供增加小型增量容量。2008 年袭击该国的经济危机显著减少了 TVA 服务区的电力需求,目前尚不清楚需求可能的反弹速度。添加模块容量的新容量机组将使它们更好地适应不断变化的需求状况。而且,TVA 已经开始预判联邦政策,未来政策将支持清洁能源选择,并有可能强制燃煤电厂退役。布拉特尔集团(Brattle Group)在 2012 年的一份讨论文件中[8]预计,为响应美国环境保护署实施的新清洁空气标准,30GW_e 甚至高达 180GW_e 的煤电将很快面临淘汰,这个数量取决于其他潜在的燃料价格和碳罚款政策。SMR 的电厂占地面积和电力输出与许多燃煤电厂非常接近,尤其是那些较老的效率较低的燃煤电厂,这些电厂很可能首先关闭。图 8.1 显示了美国燃煤电厂的规模分布,并将运行时间是否高于 55 年对其进行分组[9]。在全国范围内,2/3 的燃煤电厂的电厂总产量不到 300MW_e,而超过 55 年的电厂中有 90% 以上都低于这个产能水平。

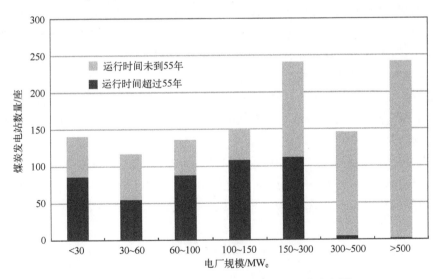

图 8.1 按运营年限分组的美国煤电厂规模分布[8]

TVA 很快将位于田纳西州橡树岭的克林奇河确定为首选厂址,这有两个原因:①它已经获得了较早先进反应堆项目(克林奇河育种反应堆)的核电站选址的环境资格;②该地点毗邻 ORNL,ORNL 对确保 SMR 输出满足联邦规定的清洁能源的目标非常感兴趣。TVA 选择了由 Babcock 和 Wilcox 开发的 mPower SMR 设计作为参考 SMR,并开始了最初的现场鉴定活动。我将这个特殊的 SMR 项目的讨论推迟到本章的后面,因为它涉及另一种类型的国内客户:美国政府。

TVA 对 SMR 的早期接触似乎反映了许多运行商业核反应堆的美国大型公共事业公司的想法。2013 年,战略与国际研究中心发表了 George Banks 的评论,题为"为什么公共事业需要小型模块化反应堆"[10]。银行在广泛的公共事业界发言时提到了几个关键因素,包括由于燃煤电厂退役而需要更换数十吉瓦的基本负荷发电、较小和可扩展的 SMR 设计提供的改进融资方案、分布式能源在稳定电网方面的优势,他们将福岛核事故后的学习成果直接纳入设计中并且在选址方面具有更大的灵活性。

业界媒体经常引用 SMR 替代现有燃煤电厂的前景,但是有人质疑这是否可行。ORNL 的研究人员使用他们的电量扩展软件(OR-SAGE)工具中新开发的橡树岭选址分析功能来解决此问题,该功能用于评估多个燃煤电厂场地是否适合小型核电站的选址[11]。他们使用粗略筛选标准来产生数量可控制的燃煤电厂站点,然后根据人口密度、水供应和土地使用等几种评估标准对每个站点进行评估。他们的分析表明,将近 80% 的燃煤电厂厂址在 SMR 选址方面得分都很高,这凸显了燃煤电厂和小型核电站选址时具有许多相同考虑因素的假设。

2014 年,由 44 个社区拥有的公共事业组成的公共财团为美国西北部的 8 个州提供服务,该集团宣布有意建设 SMR。具体来说,犹他州市政电力系统(UAMPS)已经与西北能源组织合作,该组织由 27 个成员组成,为华盛顿州提供服务,并计划在爱达荷州建立 NuScale SMR 电厂。尽管我们认为许多燃煤电厂的关闭是因为使用清洁能源替代的结果,但 UAMPS 考虑 SMR 的主要动机是其安全等级提高[12]。在相关文章中,西北能源公司的 Dale Atkinson 解释了他们追求 SMR 的兴趣:西北及其他地区的公共事业部门正在寻找碳或化石对冲。核能发电提供了对冲和 SMR 技术,这些技术吸取了数十年来从运行类似规模的美国海军反应堆以及传统规模的商用反应堆中获得的经验教训[13]。

8.3 热工艺用户

尽管发展中国家和国内公共事业公司对 SMR 的兴趣自然而然地出现了,但非电力客户的兴趣却迟迟没有显现。这可能更多是美国的问题,因为美国实际上没有将商业核能应用于热工艺的经验。另一个原因可能是现有的热工艺应用倾向于对现有燃料(主要是化石燃料)进行高度优化。第 7 章讨论了一些示例,如生物质炼油厂和炼油厂。在这些情况下,低级炼油废品作为燃烧燃料来产生热量是具有成本效益的。因此，不能仅仅因为热工艺需要热量，而大或小的核电站都会产生热量，就可以很容易地将两者结合在一起。但是，在可能的情况下，前面各章中讨论过的SMR属性为这些非传统应用提供了一些优势，特别是在避免碳排放、更好的热需求匹配、选址灵活性和强化安全性方面，尤其是因为它会简化应急计划。

热工艺客户不愿公开参加SMR辩论的一个不太明显的驱动因素，可能不是基于技术考虑，而是基于业务敏感性。例如，ORNL的一位同事在一次公开会议上发表了关于他为一家领先的石油生产公司进行的一项研究报告，该研究涉及利用核能生产氢的潜力，氢是用于生产汽油过程中进行原油浓缩的重要原料。第二天一早，ORNL实验室主任接到了该石油公司高管的电话。这位石油公司高管明确表示，他们的公司不希望公众知道他们出于商业竞争力和股东敏感性的原因进行此类讨论。这只是轶事证据之一，但它可能反映了这些非传统客户普遍不愿公开追求SMR或核电。

与热工艺客户对SMR采取相对安静姿态不同，怀俄明州是一个例外。怀俄明州一直与爱达荷州国家实验室(INL)的研究人员合作，探索核能供热如何有助于该州煤炭资源的重新利用[14]。他们的研究得出结论，将核电站与先进的煤炭转化电厂整合在一起，在技术上和经济上对在该州建立碳转化产业以生产高价值产品(如合成运输燃料和碳基化学品)具有可行性。最初的研究集中在小型高温反应堆的使用上，最近的研究也显示了小型水冷反应堆在该应用中的可行性。此外，该州正在与INL一起探索将SMR、当地风电场和煤炭转化电厂纳入混合能源系统的潜在方案。在这种情况下，SMR可提供所需的尺寸匹配和选址灵活性，以促进混合能源系统普及[15]。

热工艺用户的底线是他们对SMR的兴趣仍然未知。总体而言，核行业在与这些潜在客户进行接触方面做得并不出色。尽管我参加了几项探索SMR与热工艺应用集成的研究，但是我和我的许多同事在将结果发表在与核有关的期刊上并在核工业会议上发表论文时感到内疚。如果我们要成功地向热工艺用户普及有关SMR应用的选择和机会，我们将需要做得更好，以便在他们建立的论坛中更直接地与他们联系。

8.4 美国政府

将美国政府纳入客户名单似乎有些奇怪。但就能源而言，美国是最大的单一消费国。也许这就是促使奥巴马总统于2009年发布行政命令(EO)13514号的原因，该命令即联邦在环境、能源和经济绩效中的领导作用，其中指出：为了创建一个清洁能源型经济,以增加我们国家的繁荣,促进能源安全,保护纳税人的利益,维护我们环境的健康,联邦政府必须以身作则[16]。

该命令的执行规定了积极的目标,以减少因联邦机构能源使用而导致的温室气体排放。尽管联邦机构对温室气体排放目标有所不同,但美国能源部的目标是到 2020 年将温室气体排放量相对于 2008 年降低 28%。EO 促进了全国各地联邦设施运营商开展大量活动,以制定一种能源使用策略,该策略可以实现法定减少温室气体排放的同时满足预期的能源需求。

8.4.1 非国防部联邦设施

在联邦政府内部,DOD 是最大的能源消耗客户。在非国防机构中,能源消耗最大的是 DOE 国家实验室,该实验室经营着一些关键任务的研究设施,如大功率加速器和超级计算机。为了响应 EO 13514 号,美国能源部审查了其每个实验室的温室气体排放数据,并要求每个电厂制订计划,以在 2020 年达到规定的温室气体减排水平。表 8.3 列出了排放量最高的实验室,包括由国家核安全局(NNSA)、美国能源部环境管理办公室(EM)和美国能源部科学办公室(SC)管理的实验室[17]。在 DOE/SC 实验室中,ORNL 是最大的能源消耗客户,因此在温室气体排放方面也最为严重。这项"荣誉"使 ORNL 理所应当地成为 DOE/SC 总部员工进行严格审查的目标。

表 8.3　DOE/NNSA 排名最高的实验室的基准温室气体排放量[17]

站　　点	州	部　门	温室气体排放/（百万吨 CO_2）
萨凡纳河	SC	EM	515779
洛斯阿拉莫斯国家实验室	NM	NNSA	410896
Y12 国家安全综合大楼	TN	NNSA	272560
桑迪亚国家实验室	NM	NNSA	266087
橡树岭国家实验室	TN	SC	258597
费米实验室	IL	SC	252791
朴次茅斯大学	OH	EM	203260
阿贡国家实验室	IL	SC	183510
劳伦斯利物莫国家实验室	CA	NNSA	123506
布鲁克黑文国家实验室	NY	SC	123273

巧合的是,在发布 EO 13514 号的同时,美国能源部核能办公室(DOE/NE)正在开发其新的 SMR 计划,该计划具有两个关键组成部分:①加快近期 SMR 设

计的部署;②开展研发以支持先进 SMR 技术的发展。在 ORNL 的鼓励下,DOE/NE 对推广 SMR 的兴趣与 DOE/SC 对满足 EO 13514 号的兴趣共同形成了明显的解决方案:在 ORNL 建立 SMR 以支持其研究任务,同时实现净零温室气体排放设施。结果是在 ORNL 开发了一个引人注目的 SMR 业务案例,该案例将成为美国第一个部署的 SMR。

ORNL SMR 业务案例的基础如图 8.2 所示。最左侧的柱形是 2008 年 ORNL 温室气体排放量的基线,水平虚线表示基于 2008 年数值减少 28% 的 2020 年排放目标。左侧第二个柱形显示了根据预期的需求增长并假设未采取任何措施来减少排放量的 ORNL 在 2020 年的预计温室气体排放量。顺便说一句,预计几乎所有的电力需求增长由超级计算硬件所致,估计至少需要 75MW_e。图 8.2 中的 3 个中间柱形显示了各种能源使用量的潜在减少量,并假设 ORNL 的能源效率以及当地公共事业公司向清洁发电的转变都取得了相对积极的进步。最后,右侧柱形显示了专用于 ORNL 设施的单个 125MW_e SMR 将减少的温室气体排放量。SMR 不仅能使 ORNL 的温室气体排放量达到零净值,而且是实现 EO 13514 号要求中的 2020 年排放目标的唯一可行性解决方案。这项分析促使 ORNL、TVA、巴威和 DOE 之间形成了合作,以在紧靠 ORNL 保留地的克林奇河站点上部署 mPower SMR。ORNL SMR 商业案例也成为其他联邦机构考虑的模型,以满足符合 EO 13514 号的未来能源需求。

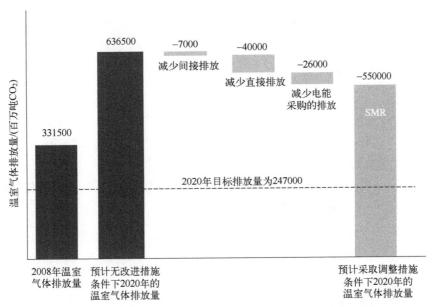

图 8.2 到 2020 年实现 ORNL 净零温室气体排放的建议途径[18]

在 DOE/NE SMR 计划获得资助的几年后,DOE 委托 ORNL 系统地评估所有联邦设施,以便在当地建立一个 SMR 来支持他们的任务。使用 OR-SAGE 网站的评估工具,ORNL 得出结论,大多数非 DOD 设施的功耗低于当前 SMR 设计的阈值[19]。图 8.3 提供了所有非 DOD 联邦设施的位置以及它们的用电量指示。该图表明,在大约 4800 个单独设施中,绝大多数消耗的功率低于 80MW$_e$,只有 ORNL 和萨凡纳河站点超过 80MW$_e$。

图 8.3 非 DOD 设施的用电量[19]

但是,通过汇总附近的设施,ORNL 能够识别出几组看起来非常适合由 SMR 供电的联邦设施。具体来说,他们确定了 13 个电力需求大于 200MW$_e$ 的设施集群,其中 8 个满足评估 SMR 选址适用性的标准如表 8.4 所列。据我所知,只有东田纳西州正在积极推进 SMR 的潜在部署,但对于政府而言,8 个集群位置都可能为利用 SMR 清洁能源的先行者。

表 8.4 最有希望部署 SMR 的联邦设施集群[19]

位　　置	电力需求/MW$_e$
弗吉尼亚半岛(汉普顿道一带)	369
南卡罗来纳州(萨凡纳河)	337
佛罗里达走廊	305

续表

位 置	电力需求/MW_e
得克萨斯州中南部	252
科罗拉多州丹佛-科罗拉多斯普林斯	238
东田纳西州（橡树岭保留区）	234
俄克拉荷马州西南部-北得克萨斯	219
西俄亥俄	206

8.4.2 国防部(DOD)设施

尽管 DOE 一直积极地评估在其国家实验室成为本土 SMR 的"先行者"的机会，但 DOD 可以被视为谨慎的观察员和潜在的后驱者。自 2009 年以来，DOE 和 DOD 就该主题进行了多次接触。然而，在国防部领导层中还没有出现持续的支持者，也没有个别的国防部设施在其基地部署 SMR 达到 ORNL 和其他国家实验室的程度。2009 年底，DOE 和 DOD 之间的一次会议（有 NRC 参加）启动了使用 SMR 为国内国防部基地提供潜在动力的对话。多机构合作导致海军分析中心（CNA）进行了可行性研究[20]。

CNA 研究得出结论，SMR 是 DOD 装置的可行选择，它们将帮助 DOD 达到几个重要目标，包括实现 EO 13514 号要求减少温室气体排放的目标。更重要的是，它们将为关键的国家安全任务提供能源安全。SMR 的尺寸更小、多模块电厂中的模块冗余提供更高的可靠性，以及更高的安全性是使 DOD 对 SMR 感兴趣的主要功能。该研究还阐明了 3 个主要问题：①早期采用新技术的风险（财务义务）；②许多国内设施的电力需求普遍较小；③DOD 装置对核电站选址的适用性。CNA 研究结束后不久，DOD 预算被削减的威胁和基地关闭的可能性加剧了 DOD 在着手为国内基地实施部署 SMR 策略的谨慎态度。

第一个担忧，即成为早期采用者的风险，是相当普遍的。我听说一些 SMR 供应商说他们有许多的第二个客户，但仍在等待第一个客户。毫无疑问，核工业对创新和新技术的接受是一个巨大的挑战。CNA 报告中记录的另外两个问题更为明显。图 8.4 显示了 CNA 报告的 DOD 设施的平均电力使用量分布[20]。将近 94%的设施的用电量低于 $50MW_e$，这相当于目前在美国商业化的最小 SMR。但是，许多设施与其他联邦设施非常接近，这促使 ORNL OR-SAGE 研究人员对聚集的联邦站点进行评估，如前所述[19]。表 8.4 中列出的 8 个联邦集群位置中有几个单独或与非 DOD 设施结合使用了 DOD 装置。此外，所有 8 个群集位置均满足 ORNL 分析中使用的多个 SMR 站点评估标准。

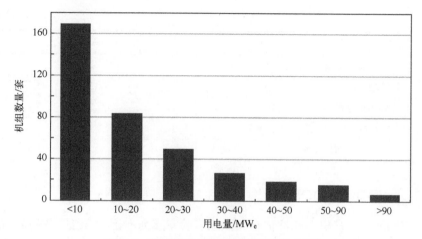

图 8.4　美国国防部设施的用电量分布[20]

2015 年 3 月 19 日,奥巴马总统发布了一项新的总统令(EO),以"改善环境绩效和联邦可持续性"。这项名为"下一个十年的联邦可持续发展计划"的命令呼吁联邦机构减少能源使用并提高其可再生能源和替代能源的比例,其中明确包括 SMR[21]。该命令还声称:"寻求清洁能源将改善能源和水的安全,同时能确保联邦机构将继续满足任务要求并以身作则。"也许这个新的 EO 会进一步激励 DOD 和非 DOD 装置追求 SMR。

总之,买卖双方之间的自然交往流程是核商业中一个漫长、艰巨且高度可见的过程。将新的反应堆设计推向市场可能需要超过 10 年的时间,并且耗资 10 亿美元。此外,还有许多商业、监管、政治和社会方面的问题需要解决。尽管如此,仍有许多客户对 SMR 表现出极大的兴趣。他们通常消息灵通,并迅速了解 SMR 的特定功能如何帮助满足其能源需求。他们的决定并非易事。要全面部署新的 SMR 设计仍然存在许多挑战,其中之一就是媒体的喋喋不休,赞成与反对的声音都很多,这甚至会分散最忠实客户的注意力。在第 9 章中我将总结许多挑战。但是这些挑战带来了许多机遇,即有机会以改进和创新的方式设计、许可、制造和运营核电站。

 参考文献

[1] *Guide to electric power in Ghana*. University of Ghana;July 2005.

[2] *Assessing policy options for increasing the use of renewable energy for sustainable development:modelling energy scenarios for Ghana*. New York,NY:United Nations;2006.

[3] *Common user considerations (CUC) by developing countries for future nuclear energy systems:report of stage 1*. International Atomic Energy Agency;2009. NP-T-2.1.

[4] Black G, Black MA, Solan D, Shropshire D. Carbon free energy development and the role of small modular reactors: a review and decision framework for deployment in developing countries. *Renewable Sustainable Energy Rev* 2015;**43**:83-94.

[5] Kessides IN, Kuznetsov V. Small modular reactors for enhancing energy security in developing countries. *Sustainability* 2012;**4**:1806-32. http://dx.doi.org/10.3390/su4081806.

[6] *Milestones in the development of a national infrastructure for nuclear power.* International Atomic Energy Agency;2007. NG-G-3.1.

[7] *Small nuclear reactors for Oak Ridge?* OakRidger.com;November 11,2010. Available at: www.oakridger.com/news/x684363339/Mini-nuclear-reactor-for-Oak-Ridge.html.

[8] Celebi M, Graves F, Russell C. *Potential coal plant retirements:2012 update.* The Brattle Group;2012.

[9] Annual Electric Generator Report, Form EIA-860, Energy Information Administration, Available at: www.eia.gov/electricity/data/eia860.

[10] Banks GD. *Why utilities want small modular reactors.* Center for Strategic and International Studies; August 13,2013. Available at: http://csis.org.

[11] Belles RJ, et al. *Evaluation of suitability of selected set of coal plant sites for repowering with small modular reactors.* Oak Ridge National Laboratory;2013. ORNL/TM-2013/109.

[12] Wardell J. *Cities may turn to new forms of nuclear power.* The Davis Clipper;November 21,2014. Available at: http://davisclipper.com/view/full_story/26126001/article-Citiesmay-turn-to-new-forms-of-nuclear-power.html.

[13] Atkinson D. *Why energy northwest is interested in SMRs.* NEI Nuclear Notes;April 10,2014. Available at: http://neinuclearnotes.blogspot.com/2014/04/why-energy-northwestis-interested-in.html.

[14] *Overview of energy development opportunities for Wyoming.* Idaho National Laboratory;2012. INL/EXT-12-27626.

[15] *Preliminary feasibility of value-added products from cogeneration and hybrid energy systems in Wyoming.* Idaho National Laboratory;2012. INL/EXT-12-27249.

[16] *Federal leadership in environmental, energy and economic performance*, executive order 13514. *Fed Regist* October 8,2009;**74**(194):52117-27.

[17] *Meeting the challenge of executive order 13514.* US Department of Energy;January 29,2010. presentation to the Senior Sustainability Steering Committee.

[18] Ingersoll D. *Case study: potential SMR deployment at a US Government R&D facility.* Oak Ridge National Laboratory;October 11,2011. presented at the INPRO Dialog Forum on Common User Considerations for SMR.

[19] Belles RJ, Mays GT, Omitaomu OA, Poore WP. *Identification of selected areas to support federal clean energy goals using small modular reactors.* Oak Ridge National Laboratory;2013. ORNL/TM-2013/578.

[20] King M, Huntzinger L, Nguyen T. *Feasibility of nuclear power on US Military installations.* Center for Naval Analyses;March 2011. CRM D0023932.A5/2REV.

[21] Executive Order. *Planning for federal sustainability in the next decade.* Office of the Whitehouse;March 19,2015.

第 9 章
向终点进军：部署挑战和机遇

历史上早期部署商用 SMR 的尝试均未成功，尽管我得出结论，这不是因为 SMR 的基本前提存在任何缺陷，而是因为外部因素使总体动机偏离了核电。伴随核电的每一次热潮，对 SMR 的兴趣也随之而来可以证明这一点。现在我们比以往任何时刻都更接近于将 SMR 投放市场，但是要最终跨越终点线，还有几个尚存的挑战需要清除和解决。

在本章中，我将就 SMR 的部署面临的挑战和相关机遇发表自己的看法。我将它们分为 3 个主要类别：技术、机构和社会。同时，我将简要讨论美国政府在过去、现在和未来的重要作用，尤其在帮助应对这些挑战并最终确保 SMR 在美国及全球的未来能源地位方面。

在开始讨论挑战之前，我要明确我所使用的"挑战"含义。我看到过"挑战"有各种各样的解释，反对者喜欢将挑战定义为无法克服的障碍，也就是说，将阻止 SMR 最终部署的障碍。陪伴我走过大半职业生涯的研究者们，终其一生都在解决挑战，因此他们将挑战视为可以投资的机会。现在，我为一家商业 SMR 供应商工作，我亲眼观察到工程师将挑战仅定义为任务列表中的项目。就本章而言，我更喜欢按照 Encarta 词典来解释该词："激发能力的考验"。这既反映了该词尚待解决的特征，又反映了改进和创新的机会。SMR 部署仍然面临的挑战将需要研究者们齐心协力去解决，但也将提供大量机会——以新方式部署新技术的机会，这有可能改变我们对核电的看法。因此，在本章中，我同时提出了挑战和机会。

9.1 技术挑战与机遇

SMR 设计师面临的第一个也是最明显的挑战是完成他们的设计。不需要完全完整的设计即可获得设计许可，甚至可以开始施工，但这确实是一个好主意。大多数人同意,在我们的核舰队最初扩建期间,巨大的成本超支和建造延误主要由"及时"设计所致。不幸的是,并非所有供应商都吸取了教训,并且出于类似的原因,一些当前新建造的工程也经历了类似的超支和延迟。这方面最显著的例子是阿海珐在芬兰建造的第一家 EPR 电厂,该电厂现在比原计划延后了数年,而且超出预算数十亿美元[1]。因此,第一个技术挑战是完成工作,即在开始施工之前完成设计和工程。如果要使 SMR 取得成功,就必须让供应商不屈服于投资者或客户的压力,并在没有充分成熟和验证的情况下将新技术和工程推向市场。

9.1.1 技术挑战

完成 SMR 部署的很重要的一部分是确保基础技术足够成熟以保证工程的完成。当前的大型轻水反应堆(轻水堆)设定了高性能标准,人们期望新电厂可以达到这一高标准,甚至超过这一标准。除安全性和成本效益外,由 SMR 推动的新热工艺应用市场还将要求可靠的运行。全球范围内有 60 多个 SMR 概念处于不同的发展阶段,并且其中的大多数已被充分研究以验证该概念的基本物理原理。但是,只有很少的概念被设计到可以合理保证性能及商业交付上可行的能力。

基于轻水堆技术的 SMR 在技术成熟度方面显然更具优势。根据 ORNL 于 2007 年进行的评估,全球范围内的轻水堆(包括商用电厂和海军推进装置)已获得超过 20000 堆年的运行经验[2]。如第 4 章所述,反应堆冷却剂通常会在燃料、结构材料和组件的选择方面影响整个反应堆系统。因此,在非轻水堆 SMR 设计的情况下,与水冷设计相比,可能需要大量成熟技术才能商业化。

非轻水反应堆 SMR 的技术挑战通常不仅仅局限于其体积小,还应包括基本物理或操作参数的反映。例如,燃料可利用高能裂变反应或低能裂变反应,这会影响周围材料中辐射诱发的破坏速率和类型。同样,反应堆冷却剂可能在低温、中温或高温下运行,这可能会影响整个反应堆系统中材料的选择。在大多数情况下,除了现有电厂尚未应用的新组件和系统,还需要对新材料和燃料进行测试和鉴定。甚至与传统核燃料明显不同的燃料也可能需要 10~12 年的时间,并且需要 10 亿美元的投资才能完全使它们有资格在商业电厂中使用。较长的时间是由于复杂的顺序测试协议:①测试标本的放射性(可能需要多年才能积累足够的暴露量);②辐照后对测试标本的检验与分析;③原型燃料元件的制造;④对原型燃料元件进行性能测试。材料和燃料鉴定对于打算具有长燃料循环周期的 SMR 设计特别重要,一些设计声称其循环周期是当前轻水堆燃料的 10~15 倍。这意味着,尽管辐射引起的损坏增加了 10 倍,但燃料材料和防护覆层仍必须保持其完整性。

　　大多数基于轻水反应堆 SMR 的设计者都故意选择最小化技术风险,以加快开发和许可流程,并最大限度地降低示范组件和系统的测试和鉴定成本。但是,即使是基于轻水反应堆的设计,由于非传统的设计配置,仍需要一些技术开发。例如,许多 SMR 供应商使用的整体主系统配置可能会引入一些非常规组件,如螺旋线圈蒸汽发生器、内部控制棒驱动机构和内部冷却剂泵。这些新组件必须经过完整的工程设计、测试并符合运行环境的要求,才能满足监管机构和客户的期望。

　　某些 SMR 设计可能需要对传感器、仪器和控制系统方面进行进一步开发。例如,整体 SMR 设计中缺少外部主要冷却剂回路,这意味着不可能对冷却剂流量和热量平衡进行常规测量,因此必须开发并验证新的管道内测量方法。此外,在更偏远的地方运行 SMR 鼓励使用更多的传感器和仪器来进行线上电厂健康监测、诊断和预测。根据 SMR 的应用,特别是对于热电联产应用,可能需要开发新的控制系统来适当地多产品管理负载平衡。

　　大多数 SMR 供应商完全了解这些要求,并且正在进行广泛的测试和验证计划。《小型模块化核反应堆手册》第 14~19 章对其中的一些测试计划进行了回顾,其中概述了正在开发新 SMR 设计的几个国家中的支持性研究与开发计划[3]。在小型核电站的设计中,已经开展了一项为期多年的研发项目,对所有同类组件的性能、环境资格和可制造性进行验证[4]。开发路径是众所周知的,只需要被先驱者所实践。

　　除了使硬件成熟和合格,还需要开发和验证用于预测反应堆组件和系统安全性和运行性能的计算分析方法。已经存在许多电厂的验证代码,尤其是基于轻水反应堆设计,但是设计配置上的差异会产生新的数据和验证需求。例如,某些 SMR 将主冷却剂自然循环流用于正常运行。这与现有大型核电站有着明显区别,需要对用于预测所有运行条件下自然循环流的热工水力性能的方法进行全面验证。即使反应堆的运行条件比现有条件更好,如较低的冷却剂压力或堆芯功率密度,也必须对这些条件下分析代码所使用的数据进行验证。

　　使用模拟整个主反应器系统的测试设备可以很好地完成对系统热工水力性能的实验验证。在新的反应堆设计之前,通常先使用原型低功率核反应堆或可缩放的无核系统模拟器。后者在轻水堆的相关设计中更为常见,因为需要测试的是系统整体性能,而不是基础技术。NuScale Power 和 Generation mPower 均已构建了可缩放的电加热模拟器,以验证其设计的整体性能。其他 SMR 供应商也已经建立了类似的测试设施或已计划这样做。阿根廷开发的 CAREM SMR 正在建造 25MW$_e$ 的原型反应堆,以期最终实现 100~150MW$_e$ 的商业 SMR[5]。

　　概率风险评估(PRA)是一种用于分析电厂安全性和可靠性,尤其是用于评估发生严重事故的可能性的重要计算方法。该方法已经针对单个反应堆机组进行了开发和完善,但是通常不用于解决跨机组的相互作用,即事故序列从一个反应堆机组传播到相邻机组的情况。日本福岛第一核电站的事故涉及6个机组中的4个,这表明可能发生跨机组相互作用,例如,一个机组中的氢气泄漏到相邻机组中,从而导致爆炸。跨机组相互作用应该作为整个电厂安全评估的一部分来进行评价。SMR设计师不仅可以从福岛的经验中学到东西,而且从一开始就接受多模块电厂设计需要多模块分析的经验。现有的PRA编码可适用于分析多模块效应,但是扩展PRA方法以更容易地表示多模块交互是有用且可取的。

另一个技术挑战,尽管它也可能被视为社会挑战,是在SMR设计的详细定稿过程中,需要警惕传统工程思维方式。为了使SMR在经济上取得成功,它必须最大化小巧的经济性,这在很大程度上取决于设计的简便性。为了遇到设计挑战时避免不必要的复杂性,设计工程师及其领导层需要遵守新的规则。美国核海军之父海曼·里科弗(Hyman Rickover)将军将规划的反应堆与运行中的反应堆进行了比较,他指出,在几个不同之处中,规划的反应堆总是很简单,而运行中的反应堆总是很复杂。尽管我同意这种普遍性,但不一定总是如此。一个反例是,当NuScale电气工程师面临在其12模块SMR中需要大量安全级电池的预期时,他们设计了一种系统,该系统现在不需要安全级电池即可安全地关闭和冷却反应堆。这是一个很好的例子,不仅保持了工程的简单性,而且将挑战变成机遇。

9.1.2 技术机会

大多数SMR仍处于设计阶段为设计本身应用新技术,甚至设计过程应用新技术提供了机会。例如,自现代核电站设计发展到现在,高性能计算仿真在其他领域已经取得了巨大进步。一方面限于以商业应用所需开发的高质量新方法的成本;另一方面因为监管机构更加熟悉和接受既定方法以及尽可能地延续已有核分析方法的趋势。但是,新的仿真方法有许多好处。与过去的基于经验的代码相比,它们结合了更加精确的现象学建模,这意味着可以更可靠地扩展到新设计配置的分析中。而且,它们针对现代超级计算机的体系结构进行了优化,这意味着与旧方法相比,设计分析可以在很短的时间内运行,从而有助于进行更全面的分析。

幸运的是,近年来,DOE在将先进的模拟方法应用于核电方面进行了持续的投资。DOE创新中心(又称轻水反应堆高级仿真联盟)致力于开发核能高级建模与仿真计划,以及提高精度和核分析速度的最新仿真方法的程序示例。这些新方法有可能加快SMR设计过程并增加对预测电厂性能的信心。反过来,现有 SMR 系统模拟器以及建造的第一个 SMR 机组,提供了向方法开发人员共享有价值的验证数据的机会。高级仿真为将先进的三维可视化方法应用于反应堆系统设计和运行提供了新契机。完全沉浸式虚拟环境允许设计工程师在设计模型内移动以验证组件的放置和尺寸以及检查空间冲突。在操作过程中,三维虚拟环境可以促进维护培训,并确保有适当的空间和途径进行组件检查、维修或更换。在使用用于生成系统三维模型的技术以及用于将建成模块与原始设计模型进行比较的自动化方法来改善反应堆模块制造方面,也存在类似的机会。

与高度保守的核工业相比,SMR 的基本性质带来的一个更微妙的好处是可以更快地引入新技术且财务风险更低。具体来说,传统核电站材料主要是在 20 世纪 60 年代和 70 年代开发的,现在已经有几个比传统核电站材料更坚固、更便宜、更耐用的现代材料实例。对于先进的生产和制造技术,情况也是如此,如通过粉末冶金工艺制造的零件以及先进的焊接和熔覆技术。由于获得许可要求证明新技术可以安全使用,并且获得相关标准委员会认可需要额外的时间,因此许多设计师放弃在其设计中引入新材料和制造技术。但是,原则上,SMR 的多模块范式以及电厂中单个模块的较低成本可能会鼓励在增加新模块或替换旧模块时将新技术更早地引入电厂。

9.2 制度挑战与机遇

我一生的大部分时间都在研究核反应堆技术,因此我对技术挑战非常熟悉。我充满信心地认为会取得成功的结果。但是在解决几种机构性挑战方面,我的知识不足,也不太适应,我将这些挑战归类为法规、法律和业务问题。非轻水反应堆 SMR 的技术挑战可能是"帐篷中的长杆",因为开发、测试和鉴定用于商业核电站的新技术需要较高的成本和漫长的过程。此外,因为轻水反应堆设计比非轻水反应堆设计在部署路径上更远,所以制度问题可能是基于轻水反应堆技术的 SMR 面临的主要挑战,并且会首先遇到制度问题。实际上,可能出现的新技术会让他们在这些挑战中走得更远。

9.2.1 美国监管挑战

在全球范围内,三类 SMR 已在各自国家获得监管机构的批准:韩国开发的 SMART、俄罗斯联邦正在建造的 KLT-40S 和中国正在建造的 HTR-PM。美国 NRC 在 21 世纪初开始认识到 SMR 供应商之间的大量活动可能会导致提交新的许可申请,并且可能需要更改当前的许可框架。西屋电气公司是第一个向 NRC 寻求关于 IRIS 设计预申请活动的机构,其次是东芝,其有可能在阿拉斯加部署其 4S 设计。这两个申请后来都被暂停,但是其他 SMR 设计师(如 NuScale Power 和 Generation mPower)启动了预许可活动。NRC 在 2010 年发表了一篇文章,详细介绍了十几个获得新 SMR 设计许可时可能需要解决的法规问题[6]。员工报告 SECY-10-0034 中描述了潜在的问题,表 9.1 中对此进行了汇总。

表 9.1 NRC 认定的潜在 SMR 许可问题[6]

SECY-10-0034	后续 SECY	ANS 文件	NEI 文件
许可流程			
原型反应堆的许可	11-0112	有	
多模块电厂的结构许可	11-0079		有
制造许可证要求		有	
设计要求			
纵深防御的实施			
概率风险方法的使用	11-0156	有	
来源术语、剂量和选址			有
关键组件和系统设计问题			
操作要求			
操作员配备要求	11-0098	有	有
运作程序	11-0112		
附加模块的安装	11-0112		
工业供热设施	11-0112	有	
安全和保障要求	11-0184	有	有
飞机影响评估	11-0112		
装置外应急计划要求	11-0152	有	有
财务影响			
多模块电厂的年费结构		有	有
保险与责任	11-0178	有	
退役资金	11-0181	有	有

尽管问题清单可能看起来令人生畏,但 NRC 立即开始以优先级方式解决这些问题,并制定了一些后续人员职位文件,这些文件也列在表 9.1 中的"后续 SECY"列中。此外,美国核学会(ANS)和核能研究所(NEI)两个不同单位的专门委员会开始致力于找出潜在的监管障碍并提出解决方案。尽管由 NRC 识别出的问题与由 ANS 和 NEI 识别出的问题没有一对一的映射,但许多问题是相同

或相似的。表 9.1 的相应栏中包含了那些已起草 ANS 或 NEI 立场文件并经 NRC 确认的问题。

SECY-10-0034 中未包含许可问题,但 ANS 和 NEI 工作组共同确定了 ITAAC 过程。一个与称为 ITAAC 过程识别和实施相关的许可问题,ITAAC 代表 "检查、测试、分析、接受和标准"。ITAAC 是 10 CFR 第 52 部分许可框架的一个方面,该框架确保核电站完全按照 NRC 审查和批准的设计建造。此过程正用于在佐治亚洲和南卡罗来纳州建造的新 AP-1000 核电站,原则上相同过程将应用于 SMR 建设。但是多数 SMR 设计在电站加工制造方面将出现新问题,涉及基于电站的 ITAAC 实施以及将反应堆的模块运送到电站现场后潜在的收货及验证问题。从好的方面来说,SMR 可能提供简化和标准化 ITAAC 的机会。NEI SMR 工作组正致力于此,该工作组正在努力开发 ITAAC 的标准化术语和类别,这将有助于消除 ITAAC 流程中的不确定性和歧义[7]。

除了由 ANS 和 NEI 制定的立场文件,各个供应商还直接与 NRC 进行预许可活动,以在提交申请之前解决尽可能多的监管问题。至少有两个 SMR 供应商,即 Generation mPower 和 NuScale Power,正在与 NRC 合作开发特定于设计的审查标准,以在提交许可证申请后提高监管审查的效率。特定于设计的审查标准基本上是 NRC 如何审查许可证申请的蓝图,并且可以解释 SMR 设计相对于大型传统核电站甚至其他 SMR 的差异。

与技术挑战一样,大多数监管挑战是众所周知的,解决这些挑战的途径通常也是显而易见的。NEI 等许多组织都积极参与并与 NRC 一起在许可证申请提交之前解决这些问题。但是,许可申请人始终要有说服力地证明其 SMR 设计的安全性,并证明对现有法规的任何更改或异议都不损害 NRC 制定的安全标准。一个主要的不确定性是监管部门如何应对 SMR 设计与相似的大型电厂设计之间的差异,以及法规(或监管部门)处理这些差异时如何保持稳健。

紧急计划对于 SMR 设计问题而言是一个非常典型的例子,它将需要申请人的充分证实以及监管者的相应适应。美国目前所有正在运营的商业发电厂的放射性泄漏应急计划区(EPZ)半径都在 10 英里范围内。如果能够证明电厂的风险更低,该法规允许更小半径的 EPZ。许多 SMR 可以大大降低电厂的风险,这是由于事故进展速度较慢、事故中燃料损坏的可能性降低、堆芯中的放射危害量较小以及附加的工程障碍物可限制燃料元件损坏时放射性物质的释放。对于 SMR 供应商和电厂所有者而言,挑战在于证明简化的应急响应计划和减少的 EPZ 相对于当前措施不会增加公众风险,对于监管机构的挑战是,如果令人信服的风险案例得到证实,那么允许监管机构减免与较大 EPZ 相关的费用。这是有先例的:因为尽管目前没有一家核电站在运行,但 NRC 批准了降低 3 座核电厂的 EPZ[8]。

出于多种原因,缩小 EPZ 对于 SMR 部署很重要。首先,公共事业公司希望使用 SMR 作为煤厂的一对一替代品,其中一些可能靠近人口中心。此外,由于缩小了 EPZ 和禁区,SMR 在热工艺应用中的使用将得到加强,因为核电站与工业设施之间的热传输线得到相应缩短。最后,SMR 可以节省大量的初期和年度成本。为了促进 SMR 供应商和所有者验证其产品的工艺,NEI 编写了一份白皮书,概述了可用于为专门设计的 EPZ 建立技术基础的方法和标准[9]。

在实践中,关于 EPZ 的决定将非常复杂,涉及大量的利益相关团体,如地方和州政府,紧急响应人员和当地居民。但是许多专家认为,有充分的理由证明大幅减少 EPZ 和简化许多 SMR 的应急管理措施是合理的。就本人最熟悉的设计而言,它们似乎具有很强的恢复性,包括燃料损坏的可能性比现有核电站低几个数量级,减少了防止辐射释放的额外物理屏障以及几乎没有或根本不需要依靠能动的人员操作或工程系统来维持设备安全状况。探讨 EPZ 时被忽视的另一个因素是,自 2001 年 9 月 11 日恐怖分子袭击世界贸易中心和五角大楼以来,当地的应急能力已经得到了显著改善,并且现在有能力应对各种类型的事件,包括工业事故。

使用包含风险信息的决策流程这一核电站监管趋势将有助于提高监管适用性。其基本原则是监管要求应与电厂风险相称,电站风险是故障概率和故障后果的组合。该原则适用于设计功能,如对组件冗余或备份系统的需求,以及在役检查等操作过程的要求。在几种 SMR 设计中,风险因素大大降低,这足以证明通过适当应用风险信息法规可以提高效率和降低成本。在 NRC 专员乔治·阿波斯托拉基斯(George Apostolakis)的领导下,NRC 起草了一个提议的框架,以将风险自查纳入 SMR 许可申请的审查中[10]。该框架允许采用分级方法来审查 SMR 应用程序,从而对与安全相关或具有安全意义的结构、系统和组件进行高度详细的审查,而对与安全无关的设计特征的审查详细程度较低。除了提供更有效的审核流程,该框架还有助于使 NRC 朝着更适用于绩效机制的审核流程(而不是以前的基于清单的确定性审核流程)发展。

另一个引起业界关注的许可问题是关于 SMR 的电厂人员配备,尤其是安全团队的规模和控制室中反应堆操作员的数量。大多数 SMR 设计人员正在将固有特征纳入其设计中,如安全系统在地下的放置以及通往核燃料的有限通道,以实现更优化的现场安全响应。因为许多设计在单个电厂中仅包含一个或两个模块,所以控制室人员规模的变化仅影响少数 SMR。在美国,只有 NuScale SMR 超出了当前每个控制室两个反应器机组的设计。NuScale 已表示他们打算取消目前的限制,因为他们计划在一个控制室中操作多达 12 个模块。申请取消限制的路线是在2005年确定的,当时多模块球床模块化反应堆(PBMR)的许可正处于申请阶段[11]。但是PBMR从未获得许可证,这是一条未走通的路。

所有者获得许可的挑战是使用旧的10 CFR第50部分许可框架还是使用较新的"一步式"第52部分框架。遵照第50部分的规定,所有者必须首先获得建造核电站的许可证,然后在建造后必须拥有运行核电站的许可证。在20世纪60年代和70年代最初的核电站建设过程中,两步式流程被证明是高成本的,这是因为获得经营许可证所延迟的时间里,高成本的核电站被闲置。根据第52部分的规定,所有者在将其全部资金投入到建造电厂之前,先申请建设和运营的合并许可证。这种单步方法的风险似乎较小,但主要风险来自施工期间更改设计这一情况,这可能是由于施工时设计不完整,也可能是由于尝试建造电厂而导致的变更。不利的一面是,由于第52部分规定的建设计更改更加烦琐,早期电厂扩建总结的另一重要教训是应有效地促进设计标准化。

TVA最初表示,他们打算使用第50部分的流程在田纳西州的某个站点上部署mPower SMR,理由是较早的流程更适合于施工期间的微小设计变更。在mPower一代降低了开发速度之后,TVA决定停止第50部分的施工许可证流程,而是利用第52部分来获得可以涵盖更多潜在SMR设计的早期许可证。同样,犹他州联合市政电力系统公司在2014年底宣布,他们计划遵循第52部分在爱达荷州部署第一座NuScale SMR电厂。因此,似乎只有第52部分流程才可以用于第一个SMR部署,但是关于哪种流程更适合于在美国实现首个建设的争论仍在继续。在国际市场上,第52部分流程对供应商而言显然具有获得NRC设计认证的优势,这是主要的竞争优势。

目前,与SMR中使用的材料和组件相关的规范和标准的适用性是一类跨越技术和法规挑战的问题。对于大多数基于轻水堆的SMR设计而言,这并不是一个很大的障碍,因为设计人员已经精心选择了符合当前法规的材料和组件。另外,使用整体设计配置可消除大管道和大压力容器的贯穿设计,从而消除了与那些设计特征相关的程序问题。另一方面,取消整体系统中的大口径管道可能会改变小口径管道的安全功能,这在有关小管道和贯穿件的相关规范和标准的适用性方面产生了分歧。

对于非轻水堆SMR设计,几乎肯定需要对现有规范和标准进行更改或增添。即使对于基于轻水堆的设计,变更对于促进操作改进也可能是有利的,如延长燃料循环和减少在役检查。核能标准协调协作组织(NESCC)成立于2009年,负责审查现有的核工业准则和标准,以确保它们是最新的并反映了新技术。其目的不断在扩展,以帮助协调新电站设计(包括SMR)所需标准的鉴定和开发。NRC和DOE均参加了由美国国家标准协会和国家标准与技术研究所管理的 NESCC。该组织与几个标准制定组织一起协调核工业的法规和标准要求。

尽管要解决一些监管问题，包括由于 SMR 设计差异而引起的一些初次遇到的问题，但 NRC 和行业正在合作参与并应对剩余的挑战。在 NRC 发布的立场文件中，他们信心十足地声明他们已经准备好审查 SMR 的设计应用，并制定了39 个月的审查时间表。此声明取决于申请人是否参与了足够的预许可以及具备申请的完整性[12]。然而，这仍然是令人鼓舞的一个迹象，预示美国的 SMR 可能实现真正的部署。

9.2.2 国际许可

全球范围内对 SMR 的广泛兴趣及其能够广泛部署的特点已促使多个团体提出并促进 SMR 许可的国际统一和标准化。在当前对 SMR 的关注度上升之前，由核能局领导的跨国设计评估项目（MDEP）于 2006 年成立，邀请来自多个国家的监管机构分享其在许可新电站设计方面的经验[13]。最初，该计划着重于多个国家/地区感兴趣的几种大型电站设计，但是该组织的政策框架已扩展到包括 SMR 设计等其他设计。世界核协会的反应堆设计评估和许可合作（CORDEL）工作组包含 SMR 工作组，以协调与 SMR 相关的国际活动，包括标准化认证和许可[14]。

2013 年 7 月，第六届国际创新核反应堆和燃料循环项目对话论坛在国际原子能机构（IAEA）举行，重点讨论了 SMR 的国际安全和许可标准[15]。来自 37 个国家和 4 个国际组织的 120 名代表参加了几次分组会议和全体会议，以审查和评估 IAEA 关于 SMR 设计的安全标准和准则在世界范围内的适用性。初步结论是，尽管该机构的安全准则需要进一步评估，但大多数 IAEA 安全标准仍适用于 SMR。会议的主要成果是就建立 SMR 监管者论坛的意义达成广泛共识，该论坛可以作为协调 SMR 许可流程的联络点，并与 MDEP 和 CORDEL 等其他相关团体进行有效的协调。

要真正地统一核电站许可还存在许多挑战。国家主权、法律要求的不同和文化差异将使协调过程复杂化。但是，SMR 可能加快实现这一宏伟目标。因此，对实现 SMR 国际许可框架的关注和活动在逐渐升温。领导 CORDEL 协调 SMR 许可工作的克里斯蒂纳·瑟德霍尔姆（Kristiina Söderholm）根据她的博士论文发表了一篇论文，研究了整个欧洲的许可流程变化，并开发了 SMR 国际许可的潜在结构[16]。其他学者，如丹妮尔·古德曼（Danielle Goodman）和克里斯蒂安·雷茨克（Christian Raetzke）提出了如何将来自其他行业（如民航）的模型用于 SMR 设计国际认证的建议[17]。我完全支持他们在文章中得出的结论："在当今世界,只有将对充足的能源供应和温室气体约束的关注与对确保 SMR 核安全及基于目标、风险的终生安全制度的忧虑相提并论时……可以满足持久的需求。"

9.2.3 美国法律和政策障碍

第二类机构挑战是法律和政策障碍。例如,明尼苏达州全面禁止核电,美国其他 12 个州对建造新的核电站也有法定限制:加利福尼亚、康涅狄格州、夏威夷州、伊利诺伊州、肯塔基州、缅因州、马萨诸塞州、俄勒冈州、罗得岛州、佛蒙特州、西弗吉尼亚州和威斯康星州。这些州的限制有所不同,但包括一些 SMR 许可通过要求,例如,需要州议会的明确批准、选民的批准或建立国家乏燃料库。某些州禁止对"在建工程"(CWIP)付款,从而阻碍了公共事业公司在建设期间收回融资成本,这降低了公共事业公司在规范市场中的竞争性。CWIP 禁令的理由是在建设项目失败的情况下保护纳税人。但是,这增加了公共事业公司的财务风险,因此由于较高的融资成本而增加了项目总成本。对 CWIP 的禁令最先损害了核电站等大型建设项目。由于 SMR 较低的投资成本,其对建造 SMR 的障碍较小,但仍可能会对核电项目产生不利的影响。

联邦或地方政府要求电网调度员优先接受风能或太阳能发电的政策所造成的电力市场扭曲,这在核电领域已经引起了广泛关注。在某些情况下,风能/太阳能发电量占当地能源需求的很大比重,这会导致电网的基本负荷容量饱和或倾销能源[18]。其结果是使基本负荷发电能力(主要是煤炭和核能)贬值,并威胁这些电厂的经济生存能力。由于热循环的增加,美国的几家公共事业公司已经经历了燃煤电厂维护费用增加,并且由于市场畸形,两家以前很有竞争力的核电站已经永久关闭。

SMR 和所有新能源技术的另一个主要法律/政策挑战是缺乏国家碳排放政策支持。尽管美国一直倾向限制碳和其他温室气体排放,但是缺乏明确且可持续的(两党)政策会造成巨大的市场不确定性,并导致能源规划人员对新技术投资和近期产能购买持非常短期的看法。

一系列新的碳排放规定是朝着正确方向迈出的重要一步:环境保护署于 2015 年 7 月发布《清洁能源计划》(*Clean Power Plan*)。《清洁能源计划》旨在解决气候变化以及碳排放和其他空气污染物对空气质量的影响,并制定了减少排放的积极目标。该立法承认了核电的价值,并将加速美国向包括核能在内的清洁能源过渡。

9.2.4 商业挑战

商业挑战,即吸引足够的资金并管理将新设计推向市场的多重努力,实际上可能会超越所有其他问题,成为最大的障碍。当我与 DOE 合作建立联邦 SMR

计划时,我们要求每个 SMR 供应商估算准备销售新设计所需的费用。他们出奇地一致:大概 10 亿美元。现在我为其中一个供应商工作,而我们的发展道路已经走得很远,可以确定会达到 10 亿美元规模。除了这个数字的巨大量级,令人震惊的复杂活动不断消耗该预算。因此,首要的业务挑战是确保投资资金。10 亿美元已经不是过去的样子了,但仍然是很多钱。更糟糕的是,要获得该投资的回报可能需要 10 年以上的时间,在所需的资金能够持续供应的前提下,这大约是完成所有设计开发、测试、监管审查和详细工程所需的时间。这使得新核电站设计的融资远远超出了大多数传统的投资模式。

大概是由于大型电站具有销售和服务利润的支撑,一些传统的大型电站供应商正在开发 SMR 设计,同时仍有许多新的初创公司着手部署 SMR 设计。这些公司中有许多是从个人投资和风险投资集团获得的初始运营资金。但是这种类型的投资仅能带来几百万美元的收益,对于风险投资而言可能只有几千万美元。超出启动资金的范围被认为是"死亡之谷",仅会有少数幸运的公司能够从中幸存。要弥合这一差距,通常需要从纯投资基金转向战略合作伙伴关系,即股权收益以换取部分最终产品的首选(或独家)提供商。在过去 10 年中,能够跨越死亡之谷的初创 SMR 公司少之又少。

我熟悉的大多数 SMR 概念都是在研究机构(如大学、实验室或商业公司内的研究部门)开始的。这些研究概念中只有一小部分过渡到商业项目。这带来了另一个主要的商业挑战:管理一个复杂而持久的项目,涉及设计师、分析师、工程师、监管者、制造商和供应商等众多相关人员。这些都必须在高度规范的安全和质量文化中完成。要使由几个人组成的、以研究为基础的新兴公司成长为能够提供经过认证和工程核设计的新公司,就需要不断转变角色和职责,以确保技能的最佳匹配。只有极少数的新兴公司做到了这一点,NuScale Power 就是其中之一。

9.3　社会挑战与机遇

除了技术和体制方面的挑战,部署新的 SMR 设计还存在许多社会挑战。许多社会挑战(我也将其视为政治挑战)与整个核电的发展有关,尽管有些挑战是针对 SMR 的。首先,存在太多竞争的 SMR 设计。大量的设计和技术选择会在市场上造成混乱,其不利的结果是增加了潜在客户的过度解读和谨慎。我们必须从第一个核时代的错误中吸取教训,将注意力集中在更有前途的设计上,并着眼于标准化。其次,设计人员必须对技术的成熟度和部署时间表保持诚实和实事求是的态度。由于将新设计推向市场的高成本和数十年周期已经导致一些潜在的供应商放弃或大大减少了相关开发工作,因此这一特殊的挑战可能会自行减弱。

9.3.1 核废料与扩散

高放射性水平核废料的处置是社会挑战的另一个问题。尽管最初是一项技术挑战,但仍存在几种可行的技术解决方案,唯一剩下的挑战是实现这一目标的社会和政治意愿。核电并不是唯一遭受与废物处理相关的社会和政治挑战的行业。一个著名的例子是 Mobro 4000 垃圾驳船,该驳船于 1987 年在从纽约到墨西哥再到伯利兹的海岸线上,最终因为没有被允许抛弃货物而返回纽约[19]。现实情况是垃圾具有巨大的社会烙印,造成了相当程度的政治抵抗。

美国核工业最近严肃地提醒人们注意废物问题的政治敏感性。在花费了 20 年和数百亿美元来描述内华达州尤卡山的地质环境并证明其适合储存该国的商业乏核燃料后,当 2008 年另一个政党获得了美国政府和参议院的控制权时,几乎在一夜之间废弃了这一决定。6 年后,在 2014 年参议院控制权再次变更当事人后不久,恢复了对尤卡山许可证申请的审查。尽管转机令人鼓舞,但政治壁垒使技术解决方案的进度延迟了 6 年。

涉及短期和长期处置核废料的社会和政治挑战并非 SMR 所特有。此外,SMR 本身不会在任何方向上改变核废料的困境,也就是说核废料的大小是中性的。另一方面,不同的反应堆技术可以改变排放核废料的数量和特性。例如,金属冷却反应堆设计可以在正常运行期间部分消耗或转化有害废物。由于 SMR 设计延用了与大型电站设计相同的反应堆技术,因此当归一化为相同的总功率时,它们产生的垃圾类型与相同技术的大型反应堆大致相同。由于核废料问题在规模上是中立的,因此,除了承认核废料对核工业而言是巨大的社会和政治挑战,我将不进一步讨论该话题。应对这一挑战迈出的重要一步是奥巴马总统任命的蓝丝带委员会提出的一项建议,即美国应采用基于共识的方法来为临时废物存储设施和最终存储库选址[20]。如果将存储或存储库设施托管的实际风险适当地传递给当地选区,并且出台适当的激励措施,我相信安置存储库的长期挑战将最终得到解决。

SMR 与更大的核电站共同面临的另一个社会/政治挑战是对核扩散的关注。核扩散是一个复杂、有争议的问题,在某些情况下也是一个非常敏感的问题。关于核扩散的每项研究都得出相同的结论:降低核扩散风险既需要技术上的修复,也需要体制上的修复,重点是体制。除了就 SMR 对这个问题的影响提供一些高阶意见,我无法合理地做到公正,也不会尝试这样做。一些人认为商业核电会造成核扩散。我不同意这种观点,但是对于那些同意的人,SMR 可能会加剧这种担忧,因为 SMR 的经济可承受性可以降低新兴国家启动商业核电的门槛,从而在更多地方建造更多的电厂。从一开始就与这些国家接触以影响其刚刚起步的核计划实施方式并确保正确使用该技术可以弥补这一问题。核扩散可能带来灾难性的后果,但不能满足迅速增长的全球能源需求也会是灾难性的,我们必须谨慎处理这两种潜在后果。

9.3.2 现有的对手和支持者

迄今为止,SMR 并非没有对手。但是,大多数反对 SMR 争论都来自长期存在的反核个人和团体,因此他们的争论并不令人惊讶,其影响在很大程度上是无关紧要的。多年前,一位同事与我分享了一些心得:"向一个想法扔石头很容易,因为石头很便宜。"除了批评外,大多数对手没有其他有价值的言论。对于 SMR 提出的批评的良性性质,我实际上感到惊讶和高兴。大多数抱怨是他们宣传的收益尚未得到证明,这是有效的批评,但价值不大。一些反对者质疑未经证实的安全利益,而另一些反对者则声称 SMR 在经济上没有竞争力,他们的反对通常没有提供任何佐证。从积极的方面来说,反 SMR 文献具有一定的价值。首先,它可以使有关 SMR 的对话保持公开和透明,它还可能使我们对需要进一步研究或更好阐述的技术合法问题有所了解。其次,重要的是要了解各种反对者的潜在动机,以便正确地解释其反对意见的相关性和重要性。

由于人们对 SMR 日益增长的兴趣而受到威胁或被剥夺权利是竞争对手产生反对意见的直接原因。可以预料到的是,现有技术的推广或替代产品的开发会带来一定程度的阻力。我特别注意到从事大型反应堆业务相关人员的反馈。老实说,一些 SMR 倡导者无意间鼓励了这种阻力效应。在与大型电站进行比较时,我们经常不恰当地使用诸如"比……更安全"和"比……更便宜"之类的大胆断言。现实情况是,SMR 和大型反应堆可以完全互补并服务于不同的客户。这些客户通常要求更大的安全裕度和更大的经济承受能力,其对 SMR 非常感兴趣。还存在非核能(通常是风能或太阳能)领域的反 SMR 阻力事件,这些事件似乎引起了人们对 SMR 的浓厚兴趣和联邦资助,而不是他们最喜欢的技术。这是另一个不恰当比较的例子,这种比较将 SMR 和可再生能源视为不可互换。

在质疑 SMR 价值的不同类型人员中,我最喜欢与怀疑论者探讨。尽管有时会与其他类型的对手混在一起,但他们却大不相同。怀疑论者提出尖锐的问题,并公开聆听答案。他们迅速查看过去的"烟幕",并专注于基本问题。最重要的是,如果被说服,他们愿意改变自己的观点,否则,他们将分享坚持观点的基础。我的个人经验是,在适当参与并且有充分的了解基础的情况下,很大一部分 SMR 怀疑论者会成为拥护者。

在有关挑战的内容中包括"支持者"似乎很奇怪，尤其是与反对者归为同一标题时。可以肯定的是，SMR 在整个行业中拥有广泛且不断增长的支持，而这种支持对于推动 SMR 向前发展至关重要。但是这种支持有时会带来意想不到的后果，特别是因为 SMR 狂热者。在这里我将狂热者定义为无论答案是什么，都坚持只有一个答案（他或她的答案）的人。我在社会挑战下强调这个群体有很多原因。首先，他们可能具有误导性，他们对 SMR 总体上或针对特定设计提出了非常积极的看法，并且可以很好地阐明其好处。不幸的是，他们通常看不到或不愿意承认任何缺点。他们将自己的特定解决方案看作每个人都希望但很少存在的"高招"。第二个关注点是狂热者往往具有很强的竞争力，并且经常不公平地贬低其他解决方案，这给整个群体带来了非常混乱的信息。我的第三个也是最大的担忧是狂热者夸大其词，使人们对 SMR 可以做什么以及何时能完成抱有错误的期望。不切实际的乐观主义忽略了将新技术推向市场的技术、法规和商业挑战，这只会使潜在客户感到困惑，并冲淡了业界的注意力。它还会产生幻灭感，并导致将 SMR 标记为无法兑现承诺的昙花一现。

9.3.3 公众接受度

尽管在核工业中将公众接受度划分到挑战类别是很常见的，但我还是将其看作一个机会。过去 40 年，美国公众对核电的认可程度稳步增长，现在可以说是非常认可的。但是，在这一领域工作多年的人员牢记，最好是在偶然的聚会中保持我们的专业水平。因此，有一种不可避免的趋势使核电具有较低公众接受度的观念得以延续。在我撰写的公众对核电接受这一主题的文献综述中，尽管两个来源之间的绝对评级会有所变化，但支持核组织和反对核组织都始终观察到公众对核电接受程度的上升趋势。我更欣赏 NEI 等组织的数据，这不仅是因为它们的结果更令人鼓舞，而且还因为它们更详细地说明如何获取和解释数据。

图 9.1 展示了比斯康提研究所（Bisconti Research）代表 NEI 对公众进行持续民调的结果。由于每次民意调查的样本数量通常为 1000 人，因此人们期望数据分散 3%~6%（1~2 个标准差）[21]。我添加了多项式趋势线来帮助消除数据分散。该结果尤其令人鼓舞的是，过去几年中，受访者具有相当统一的 75% 名义支持率，即不受性别、年龄或政党的影响。基于这些一致的发现，我们行业中的人们需要克服过去的固有观念，并欣然接受新的现实，即核电现在已被美国绝大多数公众所接受。我们面临的挑战是保持警惕，保持运营机队出色的安全性和性能记录，并确保新电厂至少达到同样的成功。

有趣的是，一个关于正在运行的核电站的安全水平的调查问题得出的数据几乎与图 9.1 中所示的曲线相同。我怀疑这不是巧合——公众似乎很了解美国

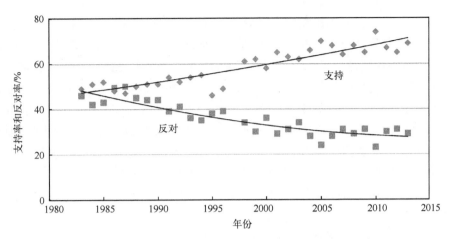

图 9.1　美国民众对核电支持率和反对率的发展趋势[21]

核电站的安全记录。甚至在 2011 年,即日本福岛第一核电站被地震和海啸摧毁的那一年,美国对核电的支持率也从年初的 71% 下降到年底的 65%,到 2013 年完全反弹至 70%。我对此的评估是,尽管有些人试图以不同的方式描述这场灾难,但普通民众足够精明地意识到日本的灾难是可怕的海啸,而不是受损的福岛核电站。

环保主义者日益认识到核电在解决环境问题方面的优点以后组织的运动有着重大的意义。绿色和平组织的共同创始人帕特里克·摩尔(Patrick Moore)是最早宣布支持核电的主要环保主义者之一。2013 年,由罗伯特·斯通(Robert Stone)执导的《潘多拉的诺言》(Pandora's Promise)是一部具有好莱坞品质的纪录片,讨论了核能的担忧和前景。该影片包括几位著名的环保主义者,他们先前否定了核能,但现在承认核能是对抗全球变暖的重要选择。电影中的一位环保主义者格温妮丝·克雷文斯(Gwyneth Cravens)在 2008 年出版了一本书,名为《拯救世界的力量:核能真相》(*The Power to Save the world:The Truth About Nuclear Energy*)[22]。我对她的书特别感兴趣的是,她从核反对者转变为支持者是在对铀矿开采到处置核废料的技术进行了彻底调查之后才发生的。这提示核工业应该更积极地进行核教育[23]。

该行业还有许多事情可以做,以进一步改善和巩固公众对核电的支持,特别是在通信和教育领域。例如,在最近的调查中,只有 13% 的参与者表示他们"充分了解"核能。居住在核电站 10 英里范围内的人对核能的知识更丰富,并且对核能的使用的认可等级也比一般公众更高。例如,高达 91% 的核电站周围居民支持为附近核电站的营业执照续期[23]。

我相信,通过 SMR,我们有机会将公众对核电的接受程度提高到前所未有的水平。但是，正如 SMR 在核电站设计中带来新的创新一样，我们还需要引入新的方法来向公众传达核能。工程师在沟通方面表现不佳，因此我们需要聘请社会科学家和沟通专家与公众联络并翻译我们的行话。核能署在 2002 年所做的一项出色研究得出的结论是，普通市民对风险的认识与专家不同[24]。尽管我们行业中的风险是通过数学方程式和概率分布来传达的，但公众对风险的看法是十多个定性因素的复杂平衡，包括信任、控制、自愿与非自愿、收益/报酬、理解甚至性别。在社会科学家和传播专家的帮助下以及广大公众的直接参与下，我相信我们可以成功地传达出这样的信息，即 SMR 以惊人的强大功能提供清洁、丰富的能源。对于 SMR 可以改变在目前没有核电站的地方公众对核电的看法，我尤其乐观。在这些地方，我们有机会从开始做到这一点，而不用花费接下来的 40 年从一个糟糕的开始中恢复过来。

9.4 政府角色

久负盛名的"我们来自政府，我们在这里为您提供帮助"的陈词滥调总是在不同人群中引起窃笑。但是在核工业中，政府已经扮演了属于其本职工作的重要角色。就政府与核工业之间的分离程度而言，美国在全球范围几乎是独一无二的。在其他大多数国家/地区，政府、核研发实验室、核供应商和公共事业公司是同一个群体。愤世嫉俗的人会说，这是美国的优势，本人有时也会有这种感觉。但现实是，国家与产业的分离是一个巨大的劣势，特别是在全球竞争力方面。

尽管美国政府与商业核工业之间没有密切联系，但它在启动和维持核电发展中发挥了关键作用。同样，在美国整个核电历史上，政府一直是 SMR 开发和部署的持续支持者。我在第 2 章和第 3 章中讨论了政府在 20 世纪 80 年代和 90 年代促进小型核电站设计的早期作用，包括先进的轻水反应堆和先进的液态金属反应堆计划。在 21 世纪初期，"核能研究计划"催生了几种 SMR 设计，以及包括 SMR 的外围支持在内的第四代计划。从 2006 年开始，美国能源部推出了一系列专门针对 SMR 的计划，其中包括全球核能伙伴关系中适用电网的反应堆计划、SMR 许可技术支持（LTS）计划和 SMR 研发计划。表 9.2 总结了关键的 DOE 计划，这些计划为美国 SMR 的开发和最终部署做出了贡献。

表 9.2 中列出的最后两个计划对于应对本章前面介绍的挑战特别重要。SMR LTS 计划于 2012 年首次获得资助，目的是加快近期 SMR 设计的完成、许可和部署过程，其有可能在 2021—2025 年实现商业运营。基金分别授予了两家独立的 SMR 供应商：2012 年的 Generation mPower 和 2013 年的 NuScale Power[25]。

这项为期 5 年的计划分担了从 NRC 获得认证批准设计的费用,以及完成一流设计和工程的费用,该计划希望解决本章前面讨论的许多技术和许可挑战。

表 9.2 支持 DOE 计划的 SMR 研究、开发和部署

项目	时间	与 SMR 的相关性
先进的轻水反应堆	1982—1997 年	鼓励开发较小的核电站设计和使用被动安全系统,取得了 AP-600 和 ABWR 设计的认证
先进的液态金属反应堆	1984—1994 年	鼓励从新的视角看待钠冷反应堆导致了 PRISM SMR 设计的开发
核能研究计划	1999—2007 年	资助了多个 SMR 项目团队,包括轻水堆和非轻水堆设计
第四代	2000 年至今	创建了先进反应堆研究的框架,并重新激发了美国研究界的活力
下一代核电站	2005—2012 年	追求开发用于热工艺应用的小型高温反应器
核电 2010	2002—2010 年	演示了新的 10 CFR 第 52 部分许可流程,并重新激发了美国核工业的活力
核能大学项目	2009 年至今	资助大学主导项目,包括与 SMR 相关的研发
GNEP/适用电网的反应堆	2006—2008 年	促进了旨在向发展中国家/新兴国家出口的 SMR 设计
SMR LTS	2012 年至今	加快近期 SMR 的许可流程和同类首批工程
SMR 研发/先进反应堆概念	2012 年至今	用于高级(非轻水堆)SMR 技术和设计开发的应用研究的资金

SMR 研发计划同样在 2012 年启动,该计划在 2015 年合并到 Advanced Reactor Concepts 计划中。该计划的目的是支持开发非轻水反应堆 SMR(如气体、钠、铅和盐冷 SMR)的应用研究。除了在各种横向技术上进行研发,高级反应堆概念计划还与 NRC 协调开发中立技术的通用设计标准。这项工作基于 LTS 计划中的 SMR 许可示范,将有助于最终基于先进技术对设计进行许可。除了支持相关的研究和许可活动,联邦政府还可以通过各种法律和政策实施,极大地影响成功部署 SMR 或整个核电的可能性。《能源政策法案》(EPAC)于 2005 年生效是核电领域的重大进步[26]。EPAC 扩大或引入了一些核电激励措施,包括研究、投资和生产激励措施。EPAC 的主要规定包括以下内容。

(1) 继续授权《2010 年核电计划》,以鼓励完成新核电站的设计和许可。

(2) 贷款担保,以减少为新核项目提供资金的借贷成本。

(3) 延迟保险时限,以保护新电厂的所有者免于因许可延迟而增加项目成本。

（4）新核电站运营初期的生产税收抵免。

（5）在核电站发生事故时的责任限定。

（6）降低退役资金税率。

国会商务办公室在 2008 年进行的一项研究评估了 EPAC 2005 在帮助鼓励对新核电站进行投资方面的价值，并表明各项规定在很大程度上有助于与其他基本负荷能源选择"公平竞争"[27]。但是，这些具体规定暗中针对了大型第三代核电站设计的部署，如 AP-1000 和 ESBWR。为某些激励措施规定的时间限制使其无法适用于 SMR。例如，要从生产税收抵免中受益，必须在 2014 年前进行第一批安全级混凝土浇筑，并且电厂必须在 2021 年前投入运营，这对于仍处于设计阶段的 SMR 似乎不太可能。因此，需要对 EPAC 2005 进行更新，使其条款和时限与近期 SMR 的部署更加一致。能源部贷款计划办公室在 2014 年 10 月发布的征求意见稿中对此进行了部分解决，该草案为包括 SMR 在内的创新核能项目提供了高达 126 亿美元的贷款担保。

美国政府的一个重要角色和重大挑战是制定一项针对所有环节（包括电力生产、运输和工业）排放的碳和其他空气污染物的可持续政策。如前所述，环境保护署已经发布了一系列减少排放的新规则，但是这些规则的持久力以及政府对执行这些规则的坚定信念仍有待证明。我们若要达到目标仍需政府具有长远的眼光和执行能力，政府是取得成功的关键因素。

最后，政府有必要也有机会成为部署 SMR 的先行者，以满足政府机构的能源需求，同时显著改善这些机构的清洁能源结构。政府是本国最大的能源使用者，并且有机会引领将 SMR 作为清洁、丰富的能源进行部署。DOE 和 DOD 已经认真考虑了这一点，美国能源部正在制订计划。尤其是 DOE 与 SMR 供应商和公共事业公司合作，有可能将 SMR 安置在美国橡树岭国家实验室附近，也可以在爱达荷州国家实验室的联邦保留地上或附近。这两个实验室过去都设有许多研究和测试反应堆，并且每个实验室目前都正在运行实验反应堆。但是，与美国能源部拥有和管理的实验反应堆不同，SMR 将由公共事业公司拥有，并由 NRC 作为商业核电站进行监管。与 DOE 签订的长期购电协议将有助于抵消公共事业公司为新设计支付的首付风险溢价。反过来，这些首创的 SMR 电厂将有助于减少潜在的后续客户（包括联邦和商业客户）的焦虑。

成功部署 SMR 仍然存在许多挑战，尤其是在美国。但是，这些挑战带来了在技术、法规和社会认可方面进行改进和创新的机会。我对核工业在社会上受到的关注度以及公私合作的广度感到鼓舞。当我的业内朋友问他们如何才能帮助 SMR 达到终点时，我的回答就是"耐心和慷慨"。当然，这是一条漫长而昂贵的道路，但对美国和世界的潜在好处却是巨大的。

参考文献

[1] Thomas S. *The EPR in crisis*. PSIRU Business School, University of Greenwich; November 2010.

[2] Ingersoll DT, Poore III WP. *Reactor technology options for near-term deployment of GNEP grid-appropriate reactors*. Oak Ridge National Laboratory; 2007. ORNL/TM-2007/157.

[3] Carelli MD, Ingersoll DT. *Handbook of small modular nuclear reactors*. Cambridge, UK: Woodhead Publishing; 2014.

[4] Houser R, Young E, Rasmussen A. Overview of NuScale testing program. *Trans Am Nucl Soc* 2013; **109**: 1585-1586.

[5] *CAREM construction underway*. World Nuclear News; February 10, 2014. Available at: www.world-nuclear-news.org/NN-Construction-of-CAREM-underway-1002144.html.

[6] *Potential policy, licensing and key technical issues for small modular reactors*. US Nuclear Regulatory Commission; March 28, 2010. SECY-10-0034.

[7] *Proposed improvements to Tier 1 and the inspections, tests, analyses, and acceptance criteria (ITAAC) for small modular reactors*. Nuclear Energy Institute; March 14, 2014.

[8] *Development of an emergency planning and preparedness framework for small modular reactors*. US Nuclear Regulatory Commission; October 28, 2011. SECY-11-0152.

[9] *Proposed methodology and criteria for establishing the technical basis for small modular reactor emergency planning zone*. Nuclear Energy Institute; December 23, 2013.

[10] *Use of risk insights to enhance the safety focus of small modular reactor reviews*. US Nuclear Regulatory Commission; February 18, 2011. SECY-11-0024.

[11] *Guidance for assessing exemption requests from the nuclear power plant licensed operator staffing requirements specified in 10 CFR 50.54(m)*. US Nuclear Regulatory Commission, NUREG-1791; 2005.

[12] *Status of the office of new reactors readiness to review small modular reactor applications*. US Nuclear Regulatory Commission; August 28, 2014. SECY-14-0095.

[13] *Multinational design evaluation program annual report: March 2013-March 2014*. Nuclear Energy Agency; April 2014.

[14] *Facilitating international licensing of small modular reactors*. Cooperation in Reactor Design Evaluation and Licensing Working Group; 2015.

[15] "Proceedings of the 6th INPRO dialog forum," International Atomic Energy Agency, July 29-August 2, 2013.

[16] Söderholm K, Amaba B, Lestinen V. Licensing process development for SMRs: European perspective. Proceedings of the ASME 2014 small modular reactors symposium, Washington, D.C., April 15-17, 2014.

[17] Goodman D, Raetzke C. SMRs: the vehicle for an international licensing framework? a possible model. *Nucl Future* 2013; **9**(6).

[18] Banks GD. *The unintended consequences of energy mandates and subsidies on America's civil nuclear fleet*. Center for Strategic and International Studies; May 13, 2013.

[19] Katz J. What a waste. Reg Rev, Q1 2002.

[20] *Report to the Secretary of Energy*. The Blue Ribbon Commission on America's Nuclear Future;

January 2012.
[21] *Perspective on public opinion*, prepared by Bisconti Research for the Nuclear Energy Institute; October 2013.
[22] Cravens. *Power to save the world: the truth about nuclear energy*. New York: Alfred A. Knopf; 2008.
[23] *Favorability toward nuclear energy stronger among plant neighbors than general public*. Bisconti Research; Summer 2013.
[24] *Society and nuclear energy: towards a better understanding*. Nuclear Energy Agency; 2002.
[25] *Guidance for developing principal design criteria for advanced (non-light water) reactors*. Idaho National Laboratory; 2014. INL/EXT-14-31179, Rev. 1.
[26] *Energy policy act of 2005*. United States Government; August 8, 2005. Public Law 109-158.
[27] *Nuclear Power's role in generating electricity*. Congressional Budget Office; May 2008.

第 10 章
昙花一现还是大势所趋

本书开篇我便承认了对核能的偏见。此处我重申这份偏见:我是核电的忠实拥护者,它为世界提供清洁、丰富的能源。我还是 SMR 的忠实拥护者。它可以作为一种充分展现核能前景的方式。在前几章中,我们看到了自核工业诞生以来,对 SMR 的持续关注,这应该足以说明它们不仅仅是一种时尚。在随后的章节中,我描述了 SMR 的许多引人注目的好处,包括增强的安全性和耐用性,可购性的改善,灵活性的提高。我甚至列举出众多潜在客户作为对其持续关注的证据。但是仍有一个重要的问题:它们最终能否成为商业现实,更重要的是,它们能否成为核电未来的重要组成部分?

10.1 时 尚

有充足的理由表明当前对 SMR 的兴趣激增可能代表一种时尚。尽管在过去 60 多年商业核电的历史中,SMR 一直备受关注,但是在全球现有的近 450 个核电站中并没有占据重要的地位。前几章谈到了现状为何如此,但事实仍然是 SMR 不是当下核电的重要组成部分。那么,为什么我们应该乐观地认为它们会在未来会成为重要组成部分呢?即使短暂,时尚也有成功的瞬间。即便成功,SMR 仍无法自夸。

我最初以为 SMR 设计逐渐定型的时间段,即大约从 2000 年到 2009 年,可能是 SMR 最为脆弱的时期,因为它们在很大程度上尚不为人所知,并且处于开发的早期阶段。我现在认为,由于两个截然不同的因素的结合,过去 5 年 SMR 呈现出更高的脆弱性:人们对 SMR 的成功寄予很高的期望,以及对核能总体经济生存能力的与日俱增的怀疑。后者的脆弱性是由各种经济和政治环境造成的,在拥有丰富、廉价的天然气以及有利于风能和太阳能发电的政策的环境下,即使是表现出色的基本负荷电厂也不再具有竞争力。在前面的章节中已经讨论了这些问题,因此在这里我不再赘述。

高期望值导致的 SMR 脆弱性用"炒作周期"来描述最恰当不过,这是由高德纳咨询公司(Gartner, Inc.)的业务顾问在 1995 年开发的一个概念[1]。根据炒作周期,新产品或技术会经历最初的兴趣和兴奋度的快速增长,然后由于过度乐观的期望未能得到满足而达到顶峰并下降。最终幻想破灭了。对于那些克服困难、度过"低谷期"的技术提供商而言,随着技术的进步,人们对该技术的兴趣和兴奋度再次增加。我在图 10.1 中描述了 SMR 的炒作周期,包括众所周知的"你处于此处"标记,表明我对美国核工业目前处于周期内的位置的估计。

我将 2009 年 DOE 的 SMR 计划的公告视为 SMR 炒作周期开始的"技术触发器"。该公告发布后不久,各个组织出现了几种新的 SMR 设计。同时,关于该主题的会议和媒体报道在核工业领域开始活跃起来。例如,美国核学会这样的成熟技术学会开始赞助相关会议的分会,随后开始赞助专门讨论 SMR 的整个会议,几家以营利为目的的会议组织者紧跟潮流,举办针对 SMR 的备受瞩目的会议。然而,伴随着这些会议产生了一种夸张的期望,即 SMR 将成为核复兴的救星,而且它们正朝着即将进行的许可证批准和建造大步迈进。到 2013 年,以 SMR 事件为主题的会议循环往复,在其中很多会议上,相同的发言人讲演着进展很小的基本相同的内容。此时,学术团体开始意识到将新设计推向市场,即使是很小、很简单的设计,都是一项长期且昂贵的工作。在 2013 年末和 2014 年初,由于不确定的市场机遇或投资风险,西屋电气公司和巴威公司大大减少了开发 SMR 设计的工作量。我相信这些事件导致了"过度期望"从峰值开始下降。在这些公告发布后的几个月中,互联网上发布的与 SMR 相关的报道数量急剧下降。此外,关于 SMR 的最终结果,几篇媒体文章的语气变得更加悲观。

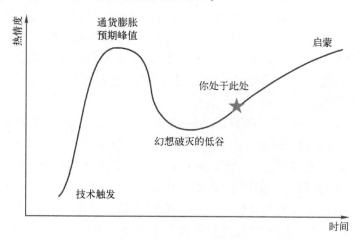

图 10.1　SMR 的概念性"炒作周期"曲线

但是,有确凿的证据表明,周期的幻灭部分是短暂的,并且 SMR 行业已经进入了"启蒙时代"。2014 年下半年和 2015 年初发生了几件事,快速地恢复了人们对 SMR 的兴趣,并且恢复的兴趣带有更成熟和现实的期望。一些关键的建立信任活动列举如下。

田纳西河谷管理局宣布,尽管 mPower 发电已经大大缩减了其设计和许可活动,但他们仍在继续努力,以期从美国 NRC 获得克林奇河厂址的早期现场许可证。

华盛顿州参议员向州议会提出了几项法案,为在该州部署 SMR 铺平了道路。

犹他州市政电力系统联合会宣布,他们正在进行无碳电力项目,其中包括在爱达荷州部署 NuScale SMR 电厂。

西屋电气公司宣布 NRC 已经批准了他们之前提交的主题报告,这表明他们仍在积极从事 SMR 设计。

奥巴马总统发布了一项行政命令,指示联邦机构大幅减少其碳排放量,明确提及 SMR 可以作为清洁能源的替代方案。

除了这些美国事件,对 SMR 的兴趣还在全球范围内逐步增加。特别是,阿根廷开始建造 CAREM 原型 SMR,中国恢复 HTR-PM 示范项目的建设,英国完成了对 SMR 的可行性评估,其动机是"政府认识到进一步的工业发展的需要,以及低碳、安全和经济的能源供应的需要"[2]。这些国内和全球范围内的事件的综合影响使我充满信心,SMR 具有持久的走向成功的动力。

10.2 未　　来

因此,如果 SMR 不是时尚,它们是否有未来?我相信它们的确是全球核电舰队中重要的一部分,并且它们将来会变得越来越重要。我基于诸多考量得出此主张。最首要以及最根本的原因是我相信核电将继续成为国内和全球能源结构的主要贡献者。能源需求的不断增长,以及对碳排放关注的日益增加,将推动美国和大多数国家扩大清洁能源的选择。核能目前提供美国 2/3 以上的无碳能源,并且是唯一可以提供运行工业基础设施所需的能源数量和可靠性的无排放能源。只需要看一下日本和德国最近因削减核电而面临的不断发展的经济挑战就可以了解其潜在影响。在这两个国家,电价飞涨,碳排放量上升,能源进口增加,这些都不是可持续的策略[3]。因此,核能与我们同在。

在核电未来会不断发展的背景下,SMR 满足了全球重要的需求:它们在价格合理、灵活且高度耐用的包装下提供清洁、丰富和可靠的能源。如第 8 章所述，SMR不是技术推动而是对引人注目的客户需求的回应：大型核电站或其他能源无法有效满足的需求。当我调查国内外对SMR的兴趣时，发现它来自小型公共事业公司、大型公共事业公司、核电界新的公共事业公司以及核退伍军人的公共事业公司。他们兴趣的依据可能有所不同，但他们全都了解SMR所能提供的潜在好处。也许这些广泛而多样的兴趣就是SMR炒作周期中的"幻灭低谷"是如此短暂而又浅显的原因。SMR的另一个让我感到乐观的方面是，其他行业中有许多成功的类似物。我在前面讨论了20世纪90年代初期计算机行业的革命，这场革命将计算社区从庞大（且昂贵）的单处理器大型机转变为当今的大规模并行超级计算机。在过去的10年中，航空业也经历了从20世纪90年代越来越大的巨型喷气式飞机向区域喷气式飞机的广泛使用的转变。亨利·福特（Henry Ford）于100年前通过引入一种新的制造方法：装配线生产，将汽车推向了大众。在能源行业中，20世纪70年代和80年代，燃煤电厂转向模块化电厂，以克服日益庞大的机组维护问题。现在是将模块化引入核工业的时候了。我完全支持继续运营并建设新的大型核电站。它们满足了那些负担得起的客户的需求。而且，如果不是因为现有大型核电站船队的高安全性和性能记录，如今也不会选择使用SMR扩大核能的应用。但是我也和其他许多人一样，越来越担心新的大型核电站的未来正处于危险之中。今天，我们看到的趋势——建筑延误和成本超支的趋势，让人想起20世纪60年代和70年代核电站的原始增建特点。我担心这些趋势及其对核能未来的意义。这使我相信，是时候打破常规，以完全不同的方式部署核电了。我相信SMR提供了制造和部署核电的机会，并使得大众对核电重拾把握和信心。我还相信小巧、简单且有坚固的包装的SMR是应该用来使用核能的方式。最后，我相信SMR将成为未来清洁能源的重要组成部分。许多才华横溢的人正在努力实现这一目标，我很荣幸能与他们一起工作。

尽管如此，即使是沿其部署路径最远的那些SMR设计，仍然存在许多残留的活动和挑战。设计需要完成并由NRC认证。需要对生产设施进行加工处理，并建立供应链。最重要的是，第一个勇敢的客户需要再前进一步并写出第一张支票。这些步骤都不是微不足道的或低成本的。因此，最快也需要几年的时间才能确定SMR是否有未来。我仍然相信SMR会实现的。

10.3 展望未来

爱因斯坦曾说过："逻辑可以使您从A转到B。想象力可以将您带到任何地方"。在商业核电的前60年中，逻辑使我们了解了全球大型发电厂的高度成功的现状。想象力是全世界SMR设计师所采用的一种创造力，它将带我们进入更广阔的核能未来。在本节中,我提出了对未来的展望,即对 SMR 的首次成功运行后的展望。假设第一个 SMR 成功建立,并实现了他们的诺言,他们的未来会怎样?

从技术和监管准备的角度来看,基于传统水冷反应堆技术的 SMR 设计将很可能是第一个实现商业部署的设计。开拓创新的道路将为未来具有更多创新功能和替代冷却剂的 SMR 设计打开大门。如第 4 章所述,使用气体或盐冷却剂的反应堆设计可以在比水冷反应堆更高的温度下运行,这对于某些过程热应用而言可能是更好的解决方案。同样,金属冷却剂(如钠和铅)可使反应堆在"快中子"上运行,并能实现诸如燃料增殖和核废料消耗等应用。大型反应堆设计也可以满足高温和燃料循环的应用需求。但是,将它们包装成 SMR 可以像使用小型水冷反应堆那样增加使用的安全性、经济性和灵活性。即使对于水冷式 SMR,新的燃料、材料和组件也可以进一步提高其安全性和性能。

这些先进的 SMR 将进一步扩大核电的市场机遇。例如,金属冷却反应堆可以设计成具有非常长的燃料寿命,甚至可能长达 30 年。他们通过在堆芯内以与初始燃料消耗量相当的速度生产燃料来实现这一目标。对于难以到达或需要长期连续供电的社区或设施,这将引起极大的兴趣。同样,高温 SMR 将具有更高的功率转换效率,因此向环境中散发的热量更少,从而减少了取水量和消耗量,这是在非常干旱的地区中的重要考虑因素。

尽管将要部署的首批 SMR 可能是在传统市场中用于发电,但是它们的坚固性和灵活性对于非电能源消费者(过程热用户)非常有吸引力。我预计对区域供热和制冷、水脱盐以及各种工业供热应用的 SMR 的兴趣将迅速增加。这将首先通过热电联产操作实现。也就是说,SMR 将直接耦合到单个核电站,并为电厂提供电力和蒸汽。最终,我们可能会看到复杂的热力和发电机系统(核能、太阳能、风能、水力等)协同工作,以向能源消费者网络供应电力和热量。这些混合能源系统将实现高水平的系统优化,以最大限度地减少资源消耗并最大化产品价值。吉姆·康卡(Jim Conca)在《福布斯》专栏中提出了类似愿景:

无论 SMR 是否能够跟踪可再生能源负荷变化,淡化海水,提供区域供热、电力化工生产、炼油、制氢或先进的炼钢能力,并且没有目前化石燃料电厂的排放,热电联产和混合动力系统是未来全球能源的关键要素[4]。

在建造了前几个 SMR 之后,可能使用现有制造能力的情况下,就会有一个新电厂调整的时期。模块在电厂内制造将为先进的生产技术带来新的机遇。先进的连接和熔覆技术,甚至是 3D 打印方法,都将使模块的制造变得更好,更快,更便宜。

同样,模块化核电站可以实现的更高程度的标准化,可以对新模块进行高度简化的认证。该标准化还将促进更统一的操作员培训,并可能允许包括国际机队在内的整个机队的操作员认证。借助这种标准化方法,全球机队管理策略必定会与全球喷气式客机机队的喷气发动机制造商所采取的策略相似。可以肯定的是,这些想法是离实现还差几十年的崇高概念,但我们必须从某个时候开始。我建议现在就开始。

我在故事开始的地方结束:对能源的需求。世界人民有许多不同的情况和能源需求。当我们担心在哪里给手机充电时,全球约有 1/3 的人口无法用电。超过 10 亿人生活在极端贫困中,超过 20 亿人缺乏卫生用水。我们可以高度肯定地预测未来的几种结果:全球人口将继续增长,每个人都将为提高生活质量而努力,而水和能源的需求将不断增加而变得稀缺[5]。原子核内部的能量强度令人震惊,但我们已经学会了如何释放和控制它。我们还学习了如何使它发挥作用,但只发挥了其全部潜力的"皮毛"。SMR 是将核能的应用扩展到更多地方的以满足更多人基本能源和水需求的下一步。SMR 具有改善世界的机会和潜力,现在正是实现这一目标的时候。

参考文献

[1] The Gartner hype cycle, Gartner, Inc., Available at: www.gartner.com/technology/research/methodologies/hype-cycle.jsp [accessed 26.04.15.].

[2] *Small modular reactors (SMR) feasibility study*. UK National Nuclear Laboratory; December 2014.

[3] Alexander L. The United States without nuclear power, speech delivered to the Nuclear Energy Institute. February 5, 2015.

[4] Conca J. *Can SMRs Lead the U. S. into a clean energy future?*. Forbes; February 16, 2015. Available at: www.forbes.com/sites/jamesconca/2015/02/16/can-smrs-lead-the-u-s-into-aclean-energy-future/.

[5] *Water for a sustainable world*, United Nations world water development report. 2015.

内 容 简 介

本书属于以小型模块化反应堆为主题的专著。全书分为 3 个部分,共 10 章,依次介绍了市场需求、前期基础、发展现状等小型模块化反应堆相关背景信息,并讨论了小型模块化反应堆在安全性、经济性及可靠性等方面的特点。全书系统阐述了小型模块化反应堆在核能技术发展中的地位,并提出了未来小型模块化反应堆的发展方向。

本书主要针对小型模块化反应堆这一领域的从业者,适用于对小型模块化反应堆知之甚少或者对其可行性持怀疑态度并且有兴趣了解其更多信息的读者。本书可起到普及小型模块化反应堆基本概念和启发核能多场景应用思路的作用。